Sandrine Gallo

Nouveaux dérivés 4-O-, 4-S-, 4-NH-alkylés de la pyrido[3,2-g]quinoline

Sandrine Gallo

Nouveaux dérivés 4-O-, 4-S-, 4-NH-alkylés de la pyrido[3,2-g]quinoline

Etude de l'activité de réversion de la chloroquino-résistance chez Plasmodium falciparum et de la MDR en cancérologie

Presses Académiques Francophones

Impressum / Mentions légales
Bibliografische Information der Deutschen Nationalbibliothek: Die Deutsche Nationalbibliothek verzeichnet diese Publikation in der Deutschen Nationalbibliografie; detaillierte bibliografische Daten sind im Internet über http://dnb.d-nb.de abrufbar.
Alle in diesem Buch genannten Marken und Produktnamen unterliegen warenzeichen-, marken- oder patentrechtlichem Schutz bzw. sind Warenzeichen oder eingetragene Warenzeichen der jeweiligen Inhaber. Die Wiedergabe von Marken, Produktnamen, Gebrauchsnamen, Handelsnamen, Warenbezeichnungen u.s.w. in diesem Werk berechtigt auch ohne besondere Kennzeichnung nicht zu der Annahme, dass solche Namen im Sinne der Warenzeichen- und Markenschutzgesetzgebung als frei zu betrachten wären und daher von jedermann benutzt werden dürften.

Information bibliographique publiée par la Deutsche Nationalbibliothek: La Deutsche Nationalbibliothek inscrit cette publication à la Deutsche Nationalbibliografie; des données bibliographiques détaillées sont disponibles sur internet à l'adresse http://dnb.d-nb.de.
Toutes marques et noms de produits mentionnés dans ce livre demeurent sous la protection des marques, des marques déposées et des brevets, et sont des marques ou des marques déposées de leurs détenteurs respectifs. L'utilisation des marques, noms de produits, noms communs, noms commerciaux, descriptions de produits, etc, même sans qu'ils soient mentionnés de façon particulière dans ce livre ne signifie en aucune façon que ces noms peuvent être utilisés sans restriction à l'égard de la législation pour la protection des marques et des marques déposées et pourraient donc être utilisés par quiconque.

Coverbild / Photo de couverture: www.ingimage.com

Verlag / Editeur:
Presses Académiques Francophones
ist ein Imprint der / est une marque déposée de
OmniScriptum GmbH & Co. KG
Heinrich-Böcking-Str. 6-8, 66121 Saarbrücken, Deutschland / Allemagne
Email: info@presses-academiques.com

Herstellung: siehe letzte Seite /
Impression: voir la dernière page
ISBN: 978-3-8381-4639-3

Zugl. / Agréé par: Marseille, Université de la Méditerrannée - Université Aix-Marseille II, 2004

Copyright / Droit d'auteur © 2014 OmniScriptum GmbH & Co. KG
Alle Rechte vorbehalten. / Tous droits réservés. Saarbrücken 2014

*A Manon et Christophe, à mes Parents,
cet ouvrage est aussi le votre.
Un clin d'œil à « marraine la bonne fée » Stef.*

Remerciements

Je tiens à remercier Messieurs les Professeurs Jacques Barbe, Yves Letourneur, Jean-Marie Pagès, Maurice Santelli, ainsi que le Docteur Bruno Pradines d'avoir été membres de mon jury de Thèse de Doctorat.

Je remercie également le Professeur Molnár pour sa collaboration dans l'étude sur la Résistance Multi-Drogue.

Un grand merci à l'équipe de l'IMTSSA pour sa collaboration dans l'étude de l'activité anti-malarique de mes composés.

Merci à l'équipe du GERCTOP pour ces belles années.

INTRODUCTION GENERALE	5
LA CHLOROQUINO-RESISTANCE CHEZ *PLASMODIUM*	8
I. Introduction	10
II. Cycle de vie du parasite	13
III. La résistance à la chloroquine	15
1. Mécanisme d'action de la chloroquine	15
2. Mécanisme de la résistance à la chloroquine	20
LA RESISTANCE MULTI-DROGUE EN CANCEROLOGIE	24
I. Introduction	26
II. Mécanisme cellulaire de la résistance multidrogue	28
III. Structure des protéines de transport de la famille ABC	29
IV. Les mécanismes d'action des protéines de transport Pgp et MRP1	31
1. Les molécules de la MDR	31
2. Hypothèse(s) sur le(s) mécanisme(s) d'action(s)	32
V. Modulation de la MDR	36
1. Contôle pharmacologique des protéines de transport	36
2. Les modulateurs de la résistance multidrogue	40
3. Caractéristiques d'un possible site d'interaction	42
VI. Détermination de l'activité d'un composé	43
AZAHETEROCYCLES A POTENTIALITE BIOLOGIQUE :	46
I. Généralités	48
II. Préparation des dérivés de la pyrido[3,2-g]quinoline-4-one	50
III. Obtention des dérivés de la 2,10-diméthyl-pyrido[3,2-g]quinoline-4-one	59
IV. Obtention des dérivés de la 2,10-diméthyl-pyrido[3,2-g]quinoline-4-thione	62
IV. Obtention des dérivés aminés de la 3-carboéthoxy-10-méthyl-pyrido[3,2-g]quinoline-4-one	63
PARTIE EXPERIMENTALE	66
I. Méthodes d'identification des produits	67

II. Modes opératoires 67

ACTIVITES BIOLOGIQUES 99

ACTIVITE ANTI-MALARIQUE ET REVERSION DE LA CHLOROQUINO-RESISTANCE CHEZ *PLASMODIUM FALCIPARUM* 100

I. Activité anti-malarique 101
1. Matériel et méthode 101
2. Mesure des activités et discussion 103

II. Activité de réversion de la résistance à la chloroquine 113
1. Mode opératoire des tests *in vitro* 113
2. Résultats et discussion 114

ACTIVITE DE REVERSION DE LA MDR EN CANCEROLOGIE 120

I. Matériels et méthodes 121

II. Résultats 122
1. Etude des pyridoquinolines monosubstituées 6, 8 et 10 122
2. Etude comparée des pyridoquinolines mono- et bis-substituées 125

CONCLUSIONS ET PERSPECTIVES 134

SCHEMAS REACTIONNELS GENERAUX 137

ANNEXES 141

I. Données cristallographiques 142

II. Antipaludiques 144

III. Isobologrammes 146

BIBLIOGRAPHIE 149

Introduction Générale

Plasmodium falciparum est l'agent pathogène le plus dangereux de la forme humaine du paludisme. Les chimiothérapies traditionnelles, basées sur l'utilisation de dérivés de la quinoline, ont été jusqu'à il y a une vingtaine d'années le seul moyen de défense efficace contre cette maladie.

Cependant, l'évolution et la propagation de la résistance notamment à la chloroquine (Nivaquine®) rendent les chimiothérapies peu ou pas efficaces dans les zones de forte endémie.

Cependant, de nombreuses investigations ont montré que la chloroquino-résistance a été diminuée *in vitro* par l'utilisation de plusieurs molécules structuralement et fonctionnellement différentes comme le vérapamil, la trifluopérazine, la prométhazine, le MS-209... .

Le phénomène de réversion de la résistance du paludisme s'apparente au phénomène de réversion observé chez les cellules cancéreuses des mammifères. On a pu en conclure que le mécanisme de résistance des deux types cellulaires était similaire.

Dans ce but et tout en restant fidèle à la thématique de notre laboratoire, nous nous sommes intéressés à la synthèse d'azahétérocycles et plus particulièrement à celle des dérivés tricycliques apparentés aux dérivés quinoléiniques connus pour leurs propriétés biologiques tant au niveau anti-parasitaire qu'au niveau oncologique. Ainsi, ces propriétés thérapeutiques justifient-elles l'intérêt que l'on peut porter à ces familles de molécules.

Des travaux antérieurs, entrepris au sein du GERCTOP (Groupe d'Enseignement et de Recherche en Chimie Thérapeutique, Organique et Physique), concernant des substances tricycliques possédant des activités antiparasitaires[1]et/ou réversantes de la Résistance Multi-Drogue (en anglais MDR : Multi-Drug Resistance)[2]. Ces molécules nouvellement synthétisées et testées, permettent une approche des Relations Structure-Activité dans ces domaines. Les substances de référence sont des thioacridines monosubstituées et des pyridoquinolines bis-substituées. Le principe des relations étudiées repose en partie sur les combinaisons entre un motif constant et un motif variable pour composer de nouveaux supports hétérocycliques.

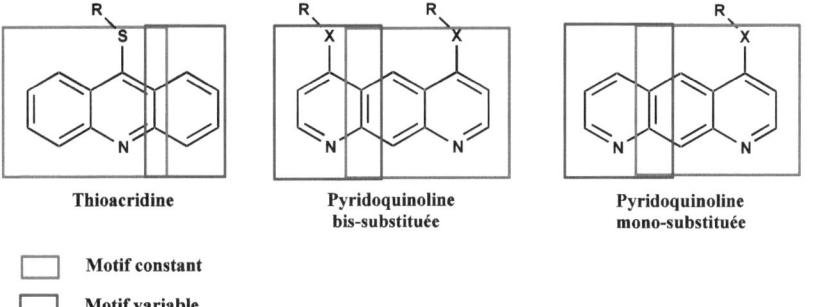

Thioacridine   **Pyridoquinoline bis-substituée**   **Pyridoquinoline mono-substituée**

☐ Motif constant
☐ Motif variable

Pour ce qui nous concerne et au vu de résultats antérieurs, nous nous sommes intéressés à la synthèse de dérivés présentant un noyau tricyclique aromatique pyridoquinoline monosubstitué.

C'est pourquoi dans les pages qui vont suivre, on trouvera après un bref état des lieux dans les domaines thérapeutiques considérés, une description des produits préparés, les résultats des recherches entreprises sur des souches de *Plasmodium falciparum* sensibles et résistantes à la chloroquine ainsi que des recherches faites sur des cellules de lymphome murin.

La chloroquino-résistance chez *Plasmodium*

Avant propos

En Egypte, 1600 ans av. J.-C., des papyrus décrivent l'association frissons-fièvre et splénomégalie, ainsi que les moyens pour se prémunir contre la contamination par les «vapeurs provoquant des fièvres» et ceci en concordance avec les crues du Nil.

Au IVème siècle av. J.-C., Hippocrate réalise ses premières descriptions cliniques des fièvres palustres : frissons - sueur - fièvre.

Au IIème siècle av. J.-C., Grecs et Romains établissent une corrélation entre les fièvres intermittentes et la proximité des marécages. Le terme italien de «mal aria» traduit la liaison faite entre fièvres et miasmes véhiculés dans l'air. Le terme francophone de paludisme, introduit par Laveran (1893), traduit la liaison «fièvre - marais» du terme « palud » qui signifie marais.

En 1717, Lancisi suggère que le paludisme est dû à un poison des marais transmis par les moustiques qui inoculent selon la formule de l'époque «de mauvaises humeurs dans le sang».

A la fin du XIXème siècle, Alphonse Laveran est le premier à démontrer la nature parasitaire de l'affection en détectant «des éléments pigmentés dans les globules rouges des malades atteints de fièvres palustres, qui se présentent sous forme de croissant, de sphères, de flagelles» et l'appellera «Oscillaria malariae» (1881).

En Italie, les travaux de Golgi (1889), de Grassi et Faletti (1892) sur *Plasmodium vivax* et *Plasmodium malariae*, et de Welch (1897), Marchiafava, et Celli (1885) sur *Plasmodium falciparum*, confirment l'origine parasitaire et l'identité spécifique des parasites. Aux Etats-Unis, Mac Callum (1898) montre l'origine sexuée des formes sanguines chez *Plasmodium falciparum* avec la formation de microgamètes, puis examine la fécondation donnant un «ookinète».

Entre 1885 et 1898, Ross (prix Nobel de Médecine en 1907) montre que le paludisme peut être transmis par les moustiques. Après de nombreuses dissections d'anophèles, il observe vers les 7ème ou 8ème jours que des capsules éclatent libérant de nombreux bâtonnets qui se concentrent dans les glandes salivaires. Il peut alors conclure que le paludisme est transmis d'une personne malade à un sujet sain par l'espèce appropriée de moustique qui l'inocule en piquant.

A la même époque, Grassi, Bastianelli et Bignami (1899) décrivent le cycle complet de développement de *Plasmodium falciparum, Plasmodium vivax* et *Plasmodium malariae* chez *Anopheles claviger*.

I. Introduction

Le paludisme ou malaria est une affection due à la présence dans le sang d'un parasite unicellulaire (un protozoaire) du genre *Plasmodium* à cycle diphasique c'est-à-dire exigeant deux hôtes l'homme et l'anophèle, son vecteur biologique.

Le paludisme humain n'a pas d'hôte réservoir. Il est transmis à l'homme par l'anophèle femelle lors de son repas sanguin. Il existe environ 380 espèces d'anophèles, mais seulement 60 transmettent la maladie.

Il existe 120 espèces de protozoaires du genre *Plasmodium* qui peuvent infecter les mammifères mais seulement 4 sont spécifiques de l'homme et peuvent déclencher la maladie sous des formes plus ou moins graves.

Ces *Plasmodies* sont : *Plasmodium falciparum, Plasmodium vivax, Plasmodium ovale* et *Plasmodium malariae*.

Plasmodium falciparum est à l'origine de la fièvre tierce maligne (espèce prédominante et responsable de 90% de la mortalité due au paludisme). Il est le responsable de la plupart des infections mortelles.

Plasmodium vivax et *Plasmodium ovale* sont à l'origine de la fièvre tierce bénigne avec des rechutes à long terme.

Plasmodium malariae est à l'origine de la fièvre quarte.

Le paludisme est une maladie qui sévit dans la plupart des régions tropicales et subtropicales (**Figure 1**).

Il est répandu dans près d'une centaine de pays ; 40% de la population mondiale est concernée soit plus de deux milliards d'individus. On estime que ce fléau fait entre 2,5 et 3 millions de morts chaque année dont 1 million d'enfants de moins de 5 ans. Entre 250 et 400 millions de nouveaux cas sont répertoriés tous les ans.

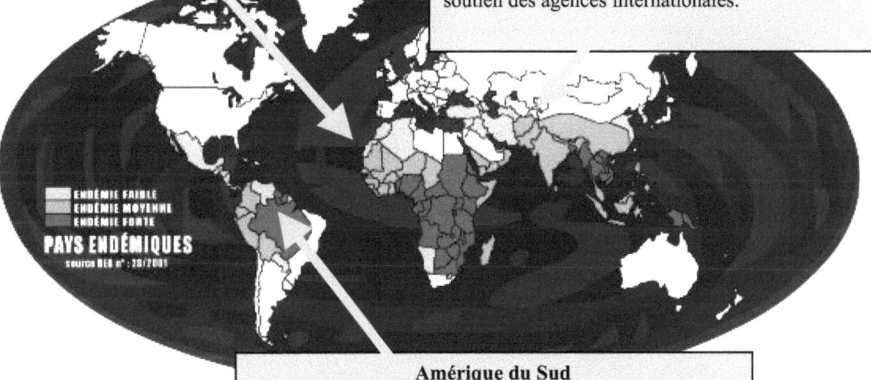

Afrique sub-saharienne

La résistance du parasite à la chloroquine a été répertoriée pour la première fois en 1978 en Tanzanie et au Kenya. Elle s'est ensuite répandue à toutes les zones impaludées de l'Afrique sub-saharienne pendant les années 80. Une résistance significative à la sulfadoxidine/syriméthamine a été identifiée dans l'est et le sud africain. La résistance à la quinine et à la méfloquine existe mais n'est pas encore très répandue. La chloroquine reste l'arme de choix dans la plupart des pays africains.

Asie

La chloroquino-résistance de Plasmodium falciparum a été suspectée dès les années 50 dans le sud-est asiatique et en Amérique du Sud. La résistance à la chloroquine est de 100% en Thaïlande en 1999, et la résistance à la méfloquine et à la sulfadoxidine/syriméthamine s'est développée depuis chez Plasmodium falciparum. Récemment, le Cambodge, le Vietnam et une partie de la Thaïlande ont adopté un traitement combiné artésunate-méfloquine comme thérapeutique principale. Malgré le fort taux de résistance dans le monde et chez ses voisins, le Laos et la Birmanie utilisent toujours la chloroquine comme traitement principal avec le soutien des agences internationales.

Amérique du Sud

La résistance à la chloroquine a été décrite au même moment en Amérique du Sud et en Asie. On a observé alors très rapidement une diminution de l'efficacité de la sulfadoxine/syriméthamine et une résistance à la quinine et à la méfloquine est apparue.

Figure 1 : Etat des lieux des zones de pandémie en 2001 (source OMS)

L'incidence de la malaria a été multipliée par 4 ces cinq dernières années. L'expansion géographique de *Plasmodium falciparum* résistant a largement contribué à la ré-émergence de la maladie.

La chloroquine, pour le traitement de la parasitose, et le DDT, pour la lutte anti-moustique, ont permis de contenir la malaria jusqu'au début des années 80. Mais, actuellement, on assiste à sa ré-émergence d'une part parce que les moustiques sont devenus résistants aux insecticides et, d'autre part, parce que les parasites, notamment le *Plasmodium falciparum*, sont devenus résistants à la chloroquine. Dans certaines régions du globe, plus de 50% des nouvelles infections, sont dues à des parasites résistants. Certains scientifiques s'inquiètent aussi des changements climatiques qui pourraient étendre la zone de pandémie à l'Europe méditerranéenne et au sud des Etats-Unis d'ici une dizaine d'années.

II. Cycle de vie du parasite

Il est présenté de façon schématique dans la **Figure 2**.

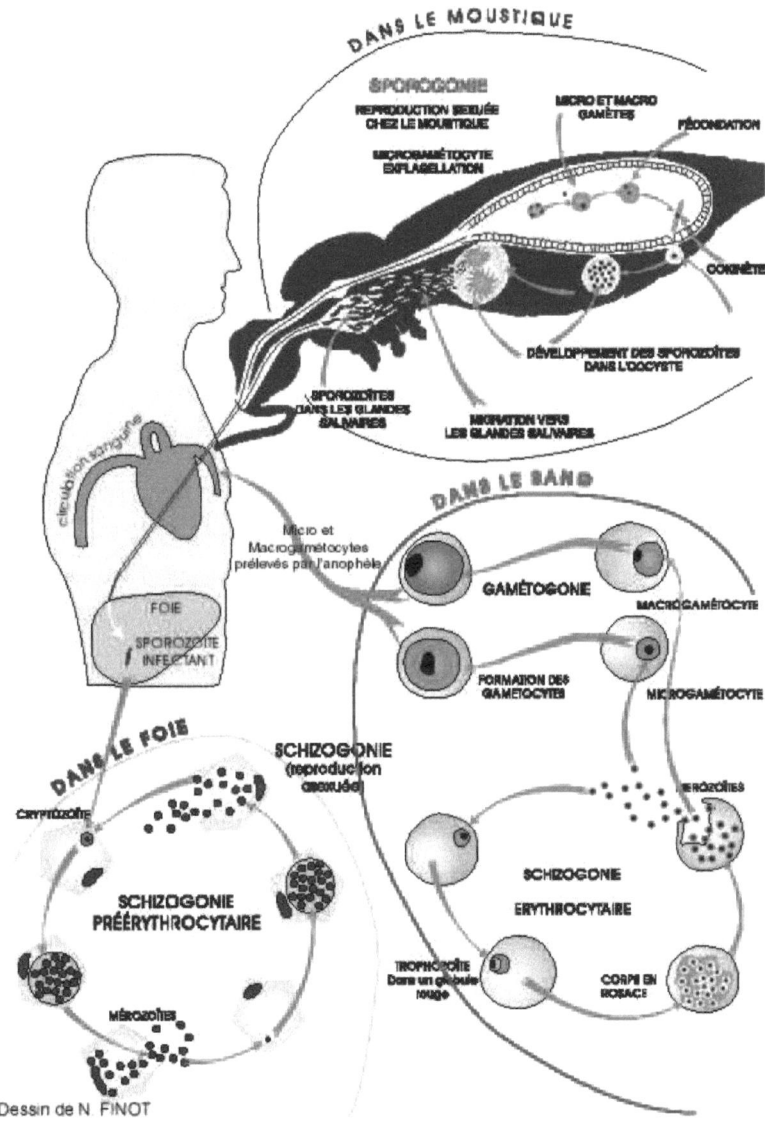

Figure 2 : Cycle de vie de *Plasmodium* (N. Finot) [3]

Lorsque la femelle *Anophèle* se nourrit sur un individu infecté par un *Plasmodium*, elle ingère des gamétocytes parasitaires.

Ces microgamétocytes mâles et ces macrogamétocytes femelles matures s'unissent pour former un zygote, lequel entame une mitose pour produire des ookinètes. Ces ookinètes migrent vers l'estomac sur sa face externe et forment de petites sphères appelées sporozoïtes. La division cellulaire provoque alors la formation d'oocystes qui se divisent en plusieurs centaines de cellules libérant ainsi des centaines de sporozoïtes dans le corps du moustique. Ces sporozoïtes migrent vers les glandes salivaires où ils sont stockés dans des vacuoles. Ce processus rend l'anophèle infectieux pendant 1 à 2 mois ou plus selon l'espérance de vie du moustique. La phase dite de sporogonie est complète après 8 à 35 jours, selon l'environnement et l'espèce de moustique.

Le cycle se poursuit avec l'expulsion de sporozoïtes infectieux lorsque le moustique se nourrit à nouveau sur un hôte humain.

Les sporozoïtes pénètrent le flux sanguin et parasitent les hépatocytes. Dans le foie, ils se multiplient de manière asexuée par un processus appelé schizogonie pré- ou exo-érythrocytaire. Il en résulte des schizontes hépatiques qui produiront des centaines de mérozoïtes matures mononucléaires. Eventuellement, des schizontes hépatiques et des mérozoïtes peuvent être relâchés dans le système sanguin. Il n'y a pas à ce niveau de signes cliniques de l'infection parasitaire. La schizogonie pré-érythrocytaire dure de 6 à 16 jours selon l'espèce de *Plasmodium*. *Plasmodium falciparum* et *Plasmodium malariae* n'ont pas de phase de schizogonie mais produisent au même moment des mérozoïtes alors que *Plasmodium vivax* et *ovale* ont deux formes exo-érythrocytaires, la première est impliquée dans la schizogonie alors que la deuxième, dite hypnozoïte, reste dormante pendant des semaines, voire des années, causant des réminiscences de la maladie. Une fois les mérozoïtes dans le flux sanguin, ils pénètrent directement les globules rouges et procèdent à de nouvelles phases de transformation pendant 2 jours chez *Plasmodium falciparum* et 3 jours chez *Plasmodium vivax*. La première phase est caractérisée par la présence de Chromatine Noire près de la membrane du plasma érythrocytaire. La formation de la vacuole digestive signale le début de l'étape d'alimentation du parasite appelé à ce stade trophozoïte. La majorité de l'hémoglobine consommée est transformée en hémozoïne. Dès que le trophozoïte est mature, il consomme 60 à 80 % de l'hémoglobine (Hb) de l'érythrocyte parasité. A la fin, il utilise même les acides aminés rejetés comme nourriture et libère l'hème. Une fois le stade de croissance terminé, le noyau se divise pour produire des schizontes sanguins. Après quelques cycles de multiplication asexuée, 12 à 16 mérozoïtes sont formés à partir d'un seul schizonte. Puis, les mérozoïtes formés envahissent d'autres globules rouges. La rupture des globules rouges provoque fièvre et frissons. Le cycle érythrocytaire continue à l'infini et à chaque fois, de plus en plus d'hémoglobine est consommée et de plus en plus de globules rouges sont détruits, provoquant une grave anémie de l'hôte. Quelques mérozoïtes se différencient en micro- et macro- gamétocytes.

Un nouveau cycle de vie du parasite commence lorsqu'un anophèle vient piquer l'hôte infecté absorbant ainsi, pendant son repas sanguin, des gamétocytes.

III. La résistance à la chloroquine

La résistance à la chloroquine est apparue, il y a environ 40 ans. Cependant la compréhension de son mécanisme n'est toujours pas élucidée. C'est un phénomène complexe et connaître le mode d'action de la chloroquine est nécessaire pour comprendre la résistance.

1. Mécanisme d'action de la chloroquine

a. Les interactions avec l'ADN

De nombreuses études[4] ont suggéré que les interactions de la chloroquine avec l'ADN pouvaient expliquer en partie l'activité anti-malarique de cette substance.

Toutefois, les interactions chloroquine/ADN ne peuvent pas expliquer la capacité de chloroquine à tuer *Plasmodium* à une concentration trois fois inférieure à la concentration à laquelle la chloroquine est toxique pour les cellules des mammifères.

De plus, il apparaît que le système de réplication de l'ADN plasmodial devrait être moins sensible à la chloroquine que le système des mammifères puisque la chloroquine interagit plus fortement avec l'ADN riche en Guanine (G) et Cytosine (C) alors que l'ADN plasmodial est riche en Adénine (A) et Tyrosine (T).

D'autre part, Ridley *et coll.*[5], de Vries *et coll.*[6] ainsi que White *et coll.*[7] ont mis en évidence des enzymes plasmodiales impliquées lors de la réplication de l'ADN. Il s'avère que ces enzymes ne sont pas des cibles directes de la chloroquine.

b. La chloroquine inhibe la phase de développement du parasite

La chloroquine est active seulement au stade sanguin du développement de *plasmodium*, c'est à-dire au stade intra-érythrocytaire pendant lequel le parasite dégrade l'hémoglobine[8]. On a donc supposé que la chloroquine intervenait au moment où le parasite se nourrissait par un cytosome qui lui permet d'ingérer l'hémoglobine par petites portions grâce à un processus d'endocytose. Les vésicules contenant l'hémoglobine sont alors transportées jusqu'à un lysosome secondaire : la vacuole digestive (VD) où des protéases dégradent l'hémoglobine[9]. La chloroquine semblerait donc inhiber la dégradation de l'hémoglobine.

c. L'accumulation de la chloroquine dans la vacuole digestive acide

La chloroquine s'accumule très peu dans les érythrocytes non parasités mais cent fois plus à l'intérieur du parasite. Cette accumulation serait due à un mécanisme de piège à ions[10,11].

La chloroquine est une di-base faible ($pKa_1 = 8,1$; $pKa_2 = 10,2$). Sous sa forme non-protonée, elle traverse la membrane du parasite ce qui provoque une diminution du gradient de pH de la vacuole digestive (**Figure 3**).

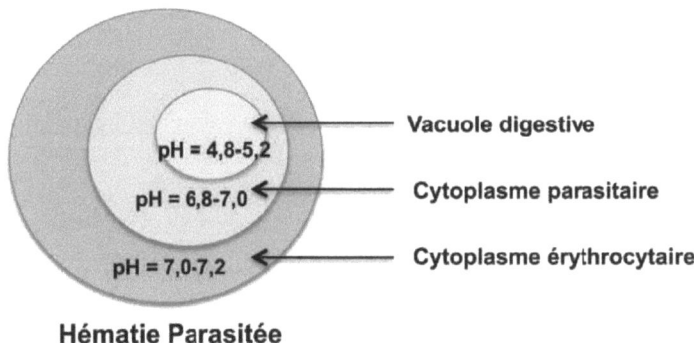

Figure 3 : Gradient de pH dans une hématie parasitée

Une fois la chloroquine protonée, la membrane lui devient imperméable et elle est piégée à l'intérieur. D'après ce modèle de base faible, le niveau d'accumulation de la chloroquine dépend uniquement de la différence de pH entre l'extérieur et l'intérieur de la vacuole digestive. Il s'agirait d'un mécanisme actif pour lequel le gradient de pH serait maintenu grâce à un apport d'énergie. Cependant, même si le niveau d'accumulation de la chloroquine peut être expliqué par le modèle de di-base faible, la limitation du phénomène suggère qu'il existe un récepteur intra-vacuolaire[12].

Sanchez *et coll.*[13] ont proposé l'implication d'un échangeur plasmodial à ions Na^+/H^+ dans le mécanisme d'action de la chloroquine. L'inhibition de cet échangeur diminuerait l'accumulation de chloroquine. Toutefois, on ne sait pas encore si un tel échangeur jouerait un rôle direct ou indirect dans le mécanisme d'action de la chloroquine et s'il affecterait le gradient de pH de la vacuole digestive. De plus, on suppose aussi que la chloroquine inhiberait la fonction lysomale, interrompant ainsi la dégradation de l'hème[14].

La chloroquine inhiberait aussi les phospholipidases qui préviennent la dégradation/destruction des vésicules endocytiques de la vacuole digestive, et donc, empêcherait la digestion de l'hémoglobine. Mais aucune de ces hypothèses n'explique la sélectivité de la chloroquine sur *Plasmodium*. Alors que l'inhibition de la digestion de l'hémoglobine par des inhibiteurs de protéases est réversible, l'inhibition de la croissance du parasite est irréversible. Par conséquent, il doit exister des effets additionnels réversibles de la chloroquine.

d. La polymérisation ou cristallisation de l'hème

De la dégradation de l'hémoglobine résulte un produit secondaire appelé hème ou ferriprotoporphyrine IX (**Figure 4**).

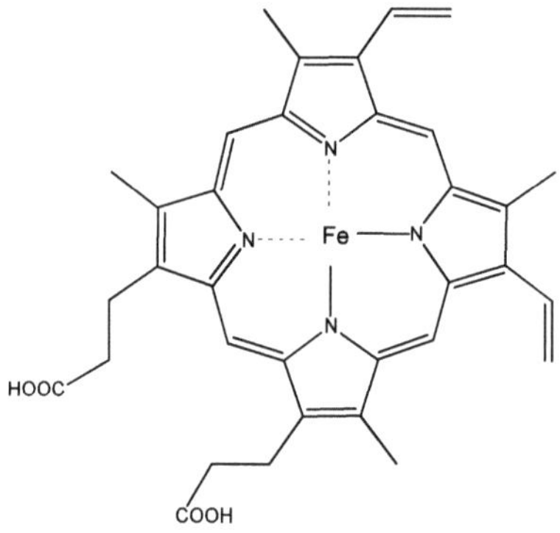

Figure 4 : Structure de l'hème ou Fer II-protoporphyrine IX

Jusqu'à 80% de l'hémoglobine contenue dans l'érythrocyte est digérée par le parasite pendant sa phase de croissance. La concentration en hème s'y élève à 20 mM mais si cet hème pouvait s'échapper, la concentration serait alors de 200 à 500 mM. L'hème est un toxique pour le parasite ; c'est pourquoi ce dernier le polymérise en cristaux d'hémozoïne non toxiques dans lesquels il est établi que l'hème est présent sous forme de β-hématine.

Le polymère de β-hématine, représenté en **Figure 5**, est un complexe coordiné avec un ion ferrique sur chaque groupement d'hème[15].

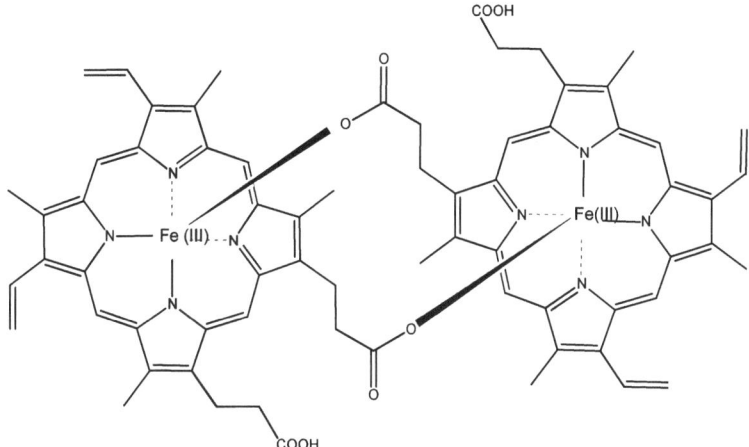

Figure 5 : Structure de la β-hématine[16]

Plus l'hémozoïne s'accumule dans la vacuole digestive plus la maladie progresse. La parasitémie est totalement dépendante de l'accumulation d'hémozoïne, notamment au niveau du foie.

Le mécanisme moléculaire de formation de l'hémozoïne est le sujet de nombreuses controverses. Il a été proposé la présence d'une hème polymérase[17] mais récemment cette hypothèse a été infirmée pour être remplacée par celle de centres de nucléation qui permettraient l'addition des monomères d'hème entre-eux. Cette addition pourrait être catalysée par des protéines riches en histidine.

En résumé, la polymérisation de l'hème se produit dans la vacuole digestive. Elle peut aussi bien être observée *in vitro* grâce à l'introduction de polymères préformés extraits de parasites qu'*in vivo* où elle pourrait être initiée par un catalyseur chimique ou enzymatique.

e. La polymérisation de l'hème, un site actif pour la chloroquine?

De nombreuses études ont permis de suggérer que le processus de formation de l'hémozoïne était, *a priori*, impliqué dans l'action de la chloroquine.

De plus, comme la chloroquine provoque des altérations morphologiques des granules de pigment chez des parasites murins, et comme la chloroquine forme des complexes de stoechiométrie 1:2 avec l'hème libre, Fitch[18] supposa dès 1986 que la chloroquine interférait dans la formation du pigment. La chloroquine formerait un complexe avec une forme transitoire de l'hème. La chloroquine induirait alors une séquestration de l'hème créant ainsi l'accumulation de ces molécules toxiques dans le parasite. La chloroquine agirait à la fois comme un inhibiteur de la polymérisation de l'hème et comme un catalyseur de l'auto-empoisonnement du parasite avec ses propres déchets[19].

Cependant l'hème ne serait toxique qu'à forte concentration, et l'inhibition de la polymérisation de l'hème par la chloroquine ne serait qu'un phénomène secondaire[20].

De plus, chez des souches chloroquino-résistantes de *Plasmodium berghei*, le complexe chloroquine/hème semble plus toxique que l'hème seul. Tout ceci ne permet pas de définir précisément le rôle de la chloroquine au niveau de l'hème.

2. Mécanisme de la résistance à la chloroquine

La résistance de *Plasmodium falciparum* aux molécules préconisées en thérapeutique est apparue en un peu moins d'un an pour les antifolates et en quinze ans pour la chloroquine après la mise sur le marché. Dans les vingt dernières années, la chimio-résistance de l'agent le plus dangereux du paludisme s'est étendue et a augmenté en Afrique, en Asie et en Amérique du Sud. Les souches chloroquino-résistantes de *Plasmodium falciparum* sont même devenues prédominantes dans certaines zones, entraînant une augmentation significatives des échecs thérapeutiques, notamment chez les sujets immuno-déprimés[21].

a. Une approche bio-moléculaire de la résistance

Chez les parasites résistants, la chloroquine s'accumule peu (**Figure 6**)[22]. Ceci peut être dû soit à un influx ralenti soit à un efflux accéléré. Des études de Krogstad[23] montrent que chez les paraistes résistants l'efflux de chloroquine est cinquante fois plus rapide que chez les sensibles.

Il peut y avoir aussi une réduction de l'affinité de la molécule pour sa cible. La chloroquine ne peut se lier qu'à l'hème soluble (cristallisation en hémozoïne à des pH inférieur à 5,5). L'acidification de la vacuole digestive diminuerait l'interaction ligand-cible[24] et contribuerait à la résistance aux anti-paludiques édrivant de la chloroquine.

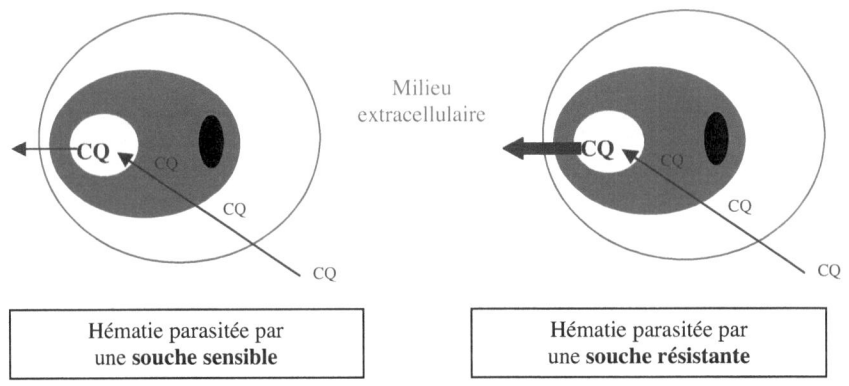

Figure 6 : Schématisation de l'efflux de la chloroquine (CQ)[25]

Aujourd'hui, il semble que la chloroquino-résistance pourrait plutôt être le résultat d'une diminution de la capture de chloroquine.

b. Une approche génétique de la résistance

Un ou plusieurs gènes chromosomiques caractérisent le phénotype résistant. Des recombinaisons intra-géniques peuvent survenir lors de la méiose chez le moustique vecteur. Chez l'homme, où le parasite est haploïde, l'infection est souvent polyclonale.

➤ Particularité du génome de *Plasmodium falciparum*

La divergence du génome de *Plasmodium falciparum* a été importante au cours de son évolution. C'est ainsi que l'utilisation de A/T dans les codons est de 87% alors qu'elle n'est que de 67% chez *Plasmodium vivax*.

Par contre, les contraintes fonctionnelles ont été maintenues à près de 90%[26]. Le polymorphisme est élevé et ne concerne pas les gènes codant des protéines reconnues par l'hôte.

➤ Le gène pfcrt

Un gène localisé sur le chromosome 7, appelé pfcrt (*Plasmodium falciparum* chloroquine resistant transporter) est polymorphique au niveau de 10 codons mais un seul acide aminé change. Il s'agit du K76T, présent seulement chez les parasites chloroquino-résistants. Il y a aussi une deuxième altération au niveau de A220S.

Ce mutant pfcrt permettrait d'augmenter l'acidité de la vacuole digestive[18], Il en résulterait une augmentation de l'accumulation de chloroquine sous sa forme di-basique inactive. De plus, comme le pH diminue, l'hème soluble se transformerait en hème insoluble (cristallisation) et la chloroquine ne pourrait plus interagir du fait de la diminution du nombre de sites actifs. Il se pourrait aussi que cette mutation modifie l'influx de la chloroquine à travers la membrane de la vacuole digestive.

➤ Rôle de l'homologue de la P-glycoprotéine pgh1 dans la résistance

La seconde approche de la résistance est de faire l'hypothèse qu'un transporteur de type ABC peut avoir un rôle dans l'altération du flux de chloroquine vers la vacuole digestive. On raisonne alors par analogie avec les cellules tumorales des mammifères qui présentent un phénotype MDR. On a découvert[27] que la chloroquino-résistance chez *Plasmodium falciparum* était diminuée par le vérapamil ce qui a conduit à localiser dans la membrane de la vacuole digestive une protéine, Pgh1, analogue à la Pgp sur-exprimée dans les cellules cancéreuses où elle fonctionne comme une pompe à efflux des cytotoxiques.

Deux gènes, pfmdr1 et pfmdr2, codant pour des homologues du gène mdr humain ont aussi été identifiés[28,29].

Toutefois, le gène pfmdr2, situé sur le chromosome 7, ne semble pas coder pour la résistance puisque son expression est la même chez les souches résistantes et sensibles[24,30]. Par contre, il existe un fort polymorphisme lié à la chloroquino-résistance dans le gène pfmdr1 cartographié sur le chromosome 5. Le produit de l'expression du gène pfmdr1, la pgh1, se trouve sur la surface de la vacuole digestive des parasites matures d'où une grande similitude avec la Pgp des mammifères. Il semble donc que la pgh1 module la concentration intracellulaire de chloroquine.

La résistance multi-drogue en cancérologie

Avant-propos

Sur quelques momies égyptiennes datant de la Vème dynastie (environ 2 500 ans avant J.-C.), on a diagnostiqué des tumeurs osseuses. Des papyrus égyptiens, datant de quatre millénaires, décrivent avec précision le cancer du col de l'utérus (le kahum, en 2200 av. J.-C.) et le cancer du sein (XVIème siècle av. J.-C.). D'autres préconisèrent l'exérèse au fer rouge des tumeurs de « chair ». On a même retrouvé des stigmates de cancer des os sur les squelettes des grands reptiles de l'ère tertiaire.

C'est Hippocrate (460-377 av. J.-C.), qui donna son nom à la maladie. Le mot «cancer» vient du grec « karkinos » qui signifie «crabe» ou «pince» d'où dérive «carcinome». Hippocrate s'appuyait sur la «théorie des humeurs», théorie qui prévaudra jusqu'au milieu du XVIIème siècle. Celle-ci expliquait la plupart des maladies, et notamment les cancers, par un déséquilibre entre les quatre substances de l'organisme : la lymphe (ou phlegme), le sang, la bile jaune et la bile noire. C'est cette dernière humeur qui, selon cette théorie, était responsable des cancers. Le traitement consistait, alors, à rétablir l'équilibre par des purges et des saignées effectuées au plus près de la tumeur.

Puis, de nombreuses découvertes se succédèrent et permirent de rapides avancées. Les connaissances anatomiques de la circulation sanguine par Harvey (1628) et du système lymphatique par Rudbeck (1652) participèrent, en grande partie, à la compréhension de la dissémination des cellules cancéreuses par la lymphe et le sang. En 1757, M. Le Dran publia le «Mémoire avec un précis de plusieurs observations sur le cancer» qui décrit, pour la première fois, les voies d'extension des cancers. Mais, ce sont les progrès du microscope qui allaient conditionner l'essentiel des découvertes futures. Dès lors, à partir des connaissances anatomiques et microscopiques, la chirurgie se développa, mais resta longtemps freinée par les douleurs engendrées et le risque infectieux.

En 1853, Rudolf Virchow, en se basant sur l'étude microscopique de tissus humains pathologiques, affirma que toute cellule vient d'une autre cellule («omnis cellula e cellula»). En d'autres termes, un cancer vient de la prolifération d'une cellule initiale, dérivant elle-même d'une cellule normale, ce qui implique de supprimer toutes les cellules cancéreuses de l'organisme pour permettre la guérison. Le caractère monoclonal des cancers, reconnu aujourd'hui, venait d'être découvert.

Bien que l'action thérapeutique des radiations ionisantes ait été connue très vite après la découverte en 1895 des rayons X par Roentgen, et du radium, en 1898, par Pierre et Marie Curie, la radiothérapie ne s'est développée que lentement. En 1919, Louis Régaud a établi les règles de fractionnement qui ont amélioré la pratique de la radiothérapie, devenue un nouveau moyen de traiter le cancer.

En 1943, à la suite d'une explosion accidentelle sur un bateau américain transportant du gaz moutarde, le médecin militaire M. Goodman constata une baisse considérable des globules blancs dans le sang des matelots. Un dérivé du gaz moutarde (Chlorméthine) fut alors testé sur des malades atteints de la maladie de Hodgkin et donna des résultats encourageants. Depuis ce premier agent anticancéreux, la chimiothérapie n'a cessé d'évoluer.

I. Introduction

La résistance aux médicaments est un phénomène qui, fréquemment, est à l'origine de l'échec des traitements anti-infectieux et anticancéreux. La résistance intrinsèque est due à une mauvaise réponse de nombreux micro-organismes et tumeurs vis-à-vis des chimiothérapies disponibles, alors que la résistance acquise s'observe lorsqu'un micro-organisme et/ou une tumeur qui répondait positivement à un traitement devient, après un laps de temps, fortement résistant à ce traitement d'origine[31,32].

La résistance multidrogue (MDR) est une forme de résistance acquise observée *in vivo* et *in vitro* chez les cellules cancéreuses et aussi chez les micro-organismes ; la MDR consiste en l'émergence simultanée de résistances cellulaires à l'action toxique des chimiothérapies utilisées à l'origine, mais aussi à l'action d'autres molécules qui ont des structures et des mécanismes d'action différents[33,34].

La MDR peut résulter d'une large variété de mécanismes qui ne sont pas encore totalement expliqués[35]. Les plus importants sont :
- Une altération du transport membranaire qui peut, soit diminuer l'entrée de cytotoxique dans la cellule, soit en augmenter l'efflux[36].
- Une perturbation dans l'expression des enzymes cibles ou une altération des cibles elles-mêmes[37].
- Une altération du mécanisme d'activation du médicament ou une dégradation du médicament[38].
- Une réparation accrue de l'ADN[39].
- Un problème au niveau de l'apoptose[40,41] cellulaire.

Certains de ces mécanismes peuvent coexister, rendant les tumeurs cibles réfractaires aux traitements qui agissent sur une seule cible. Cependant, le mécanisme de résistance le plus répandu est, dans les cellules cancéreuses, l'altération du transport membranaire.

Les cellules résistantes présentent, généralement, une concentration intracellulaire en substance thérapeutique inférieure à la normale[42] à cause d'un efflux accéléré par un procédé dépendant de l'ATP[43]. Une protéine transmembranaire, la Pgp-170, est supposée comme étant la protéine de transport qui pompe du milieu intracellulaire vers le milieu extracellulaire les agents antitumoraux[44,45,46].

D'autres protéines de la même superfamille ont été identifiées et agissent de la même manière: MRP1[47], LRP (Lung Resistance Protein)[48] et la BCRP (Breast Cancer Resistance Protein)[49].

II. Mécanisme cellulaire de la résistance multidrogue

Il existe deux types de résistances aux anticancéreux : celle qui empêche la biodisponibilité de l'agent thérapeutique dans la cellule tumorale et celle qui, dans la cellule cancéreuse, à cause d'altérations génétiques et épigéniques, affecte son efficacité.

La première est généralement due à une absorption faible des médicaments oraux, une augmentation du métabolisme ou une augmentation de l'excrétion. Il en résulte une diminution du taux de la substance dans le sang et de sa diffusion vers la masse tumorale. Quant à la seconde, il s'agit d'une modification de la cible rendant le médicament inopérant.

De récentes études ont montré l'importance cruciale de l'environnement extérieur dans le phénomène de résistance, comme la géométrie de la matrice extracellulaire ou la géométrie de la tumeur.

Toutefois, on peut dégager des points communs à la résistance classique. Elles concernent les produits hydrophobes naturels et elle est due à l'efflux de la pompe ATP-dépendante avec une faible spécificité. Ces pompes appartiennent à la famille des « ATP binding cassette » ou « famille ABC ».

Différentes familles de molécules sont affectées par la MDR, parmi lesquelles on peut citer les vinca alcaloïdes, les anthracyclines, etc.

La résistance peut être due à la diminution de la concentration en médicament dans la cellule, à l'activation d'un système coordonné et régulé de détoxification (ex: ADN réparée et cytochrome P450 fonctionnant comme oxydase). La résistance peut aussi résulter d'une induction coordinative de la Pgp et du cytochrome P450; ou encore d'une défection de l'apoptose qui survient dans les cellules malignes mutantes où ne fonctionne pas le gène p53.

Un important principe de la résistance est l'hétérogénéité génétique des cellules cancéreuses. Il existe une sélection de ces cellules cancéreuses en fonction de leur capacité à survivre et à croître en présence d'un agent cytotoxique.

III. Structure des protéines de transport de la famille ABC

Les protéines de transport de la MDR appartiennent à la superfamille de transport des ATP-binding Cassette (ABC) qui utilisent l'énergie de l'ATP pour transporter des substances à travers les membranes cellulaires[50]. Les transporteurs ABC sont impliqués dans le transport de substrats très différents.

Les Pgp appartiennent au groupe très conservé des transporteurs ABC qui est une famille multigénique présente chez de nombreuses espèces comme la souris (mdr1, mdr2, mdr3), le rat (mdr1 et mdr2), le hamster (pgp1, pgp2, pgp3), et l'homme (MDR1, MDR2). Le gène de la Pgp proviendrait de la duplication d'un gène ancestral. Il existe différents isoformes de P-glycoprotéines chez les mammifères. Tous ne sont pas capables de conférer le phénotype de résistance multiple. Ceux qui appartiennent à la classe III : MDR2, mdr2, et pgp3, ne confèrent pas la résistance multiple mais codent pour une phosphatidylcholine translocase.

L'isoforme humaine de la Pgp qui est codée par le gène mdr1 ou ABCB1, est composée de 1280 acides aminés, elle a une masse moyenne de 170 kDa. La Pgp est une pompe à efflux multidrogue à large spectre.

Au point de vue morphologique, les données biologiques suggèrent que la Pgp est un cylindre d'environ 10 nm de diamètre avec une partie insérée dans la bicouche lipidique de la membrane, et l'autre moitié reste à l'extérieur de la membrane (**Figure 7**). Il y a un large pore toroïdal central d'environ 5 nm de diamètre entouré par un domaine hexagonal mal défini (MSD)[51].

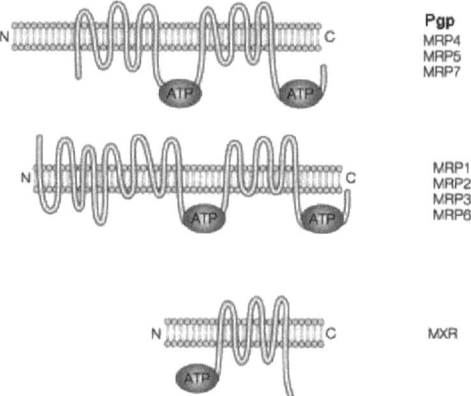

Figure 7 : Schématisation des transporteurs ABC [52]

La structure comprend deux moitiés homologues chacune constituées de six segments trans-membranaires et un domaine cytoplasmique qui contient un site de fixation des nucléotides (SFN). Ce site de fixation est formé par deux motifs WALKER A et B caractéristiques des transporteurs ABC ainsi que de deux sites de fixation de l'ATP.

Les régions trans-membranaires se lient avec les substrats hydrophobes dont l'état de charge peut être neutre ou cationique. L'hydrolyse non simultanée de deux molécules d'ATP est nécessaire pour transporter une molécule de substrat ou de drogue. L'interaction du substrat dans les régions trans-membranaires stimule l'activité des ATPases de la Pgp, ce qui provoque un changement conformationnel qui relâche le substrat à la fois dans le milieu intérieur de la membrane ou dans l'espace extracellulaire. Le deuxième site ATP semble essentiel pour réinitialiser le transporteur, qui pourra à nouveau être dans une conformation correcte pour transporter une autre molécule. Le fait que la Pgp transporte des molécules très différentes implique que le(s) site(s) actif(s) doit(vent) être polymorphe(s) ou qu'il existe plusieurs sites.

La Pgp est une protéine N-glycosilée dont le niveau de glycosilation dépend de l'espèce. La Pgp s'exprime aussi dans plusieurs tissus normaux comme les tubules proximaux du rein, l'intestin, les hépatocytes biliaires, les capillaires du cerveau, … . La Pgp assure différentes fonctions physiologiques : excrétion des toxines, le transport des stéroïdes, … . En parallèle, il semble qu'il existe une corrélation entre l'expression de la Pgp et l'échec de certaines chimiothérapies.

Toutefois, toutes les cellules résistantes n'expriment pas forcément la Pgp. Il existe d'autres protéines impliquées dans la MDR comme la MRP1 (aussi désigné par le nom de ABCC1), la ABCG2 aussi connue sous le nom de MXR (Mitoxantrone-Resistance Protein), ou BCRP (Breast Cancer Resistance Protein) ou ABC-P (ABC transporter in Placenta). Ces protéines ont schématisées dans la **Figure 7**.

IV. Les mécanismes d'action des protéines de transport Pgp et MRP1

1. Les molécules de la MDR

Découvrir les mécanismes moléculaires par lesquels la Pgp et la MRP1 agissent est un des axes de recherche actuels. Cependant peu de données sont disponibles.

Un point commun aux composés qui interagissent avec la Pgp, est de pouvoir diffuser à travers la membrane lipidique.

Les composés se répartissent en deux groupes :

> *Les molécules soumises à la MDR* encore appelées substrats. Ce sont des molécules pour lesquelles les cellules exprimant la Pgp présentent une résistance croisée et dont l'accumulation intracellulaire est diminuée.

> *Les modulateurs* ou chimiosensibilisateurs ou réversants. Ce sont des molécules capables de restaurer l'accumulation et, partant, la cytotoxicité

d'un substrat donné. Suivant le substrat choisi, un composé peut être modulateur ou non.

Les modulateurs peuvent aussi être substrats ou non, tout comme certains substrats peuvent se comporter comme des modulateurs par rapport à d'autres substrats.

Parmi les chimiosensibilisateurs les plus étudiés, il y a un inhibiteur des canaux calciques, le Vérapamil ; un inhibiteur de la calmoduline, la Trifluoropérazine ; ou encore un immunosuppresseur, la Cyclosporine A[53]

La caractéristique la plus frappante de la MDR est l'absence de structure chimique ou de cible pharmacologique bien définies communes tant aux modulateurs qu'aux substrats.

Ces derniers peuvent être structuralement différents, mais ils ont en commun quelques propriétés physiques comme une nature amphiphile avec un fort pôle hydrophobe et une charge nette positive ou neutre[54]. Il semble évident que la MDR des cellules cancéreuses résulte d'une faible concentration cytosolique en substance cytotoxique, ce qui serait dû à un efflux accéléré. Ainsi, la MDR serait une conséquence directe de la sur-expression de la Pgp.

2. Hypothèse(s) sur le(s) mécanisme(s) d'action(s)

De nombreux modèles ont été proposés pour expliquer l'implication directe de la Pgp dans le phénomène de MDR[55].

a. Première hypothèse : un transporteur spécifique ATP-dépendant

La Pgp fonctionne comme une pompe à efflux telle que schématisée dans la **Figure 8**. Pour permettre un efflux actif, elle utilise l'énergie produite par l'hydrolyse de l'ATP[56]. Cela implique des changements conformationnels dans le transporteur notamment au niveau du site actif de la protéine permettant ainsi son accès aux seules molécules ayant la bonne conformation et la bonne distribution électronique. De ce point de vue, la Pgp agit comme un transporteur spécifique et régulier de substrat. La seule différence est qu'ici le (ou les) site(s) actif(s) peut(vent) transporter une large variété de molécules.

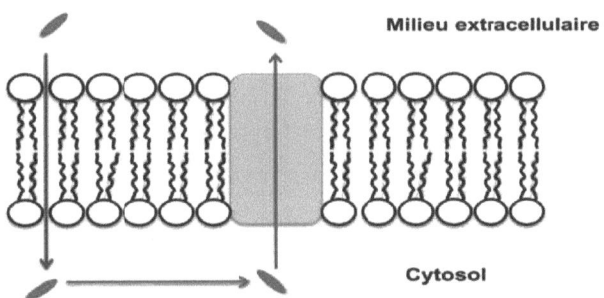

Figure 8 : Pompe « classique » : cycle d'absorption ou excrétion d'un substrat

b. Deuxième hypothèse[57] : une pompe à efflux sélective ATP-dépendante

La Pgp serait une pompe à efflux qui ne dépendrait pas du point de vue énergétique de l'ATP que pour un certain nombre de métabolites conjugués (probablement par sulfoconjuguaison) des anticancéreux lipophiles. Il n'en serait pas ainsi pour les composés parents.

Différents modes d'actions peuvent être envisagés :

➢ « Le modèle des pores aqueux » suppose que le substrat provenant du cytoplasme aqueux se lie au(x) site(s) actif(s) (binding site) ; puis il y aurait translocation à travers la membrane lipidique, libération du substrat dans la phase aqueuse extracellulaire et réorientation du site. Il a été proposé que les transporteurs de la MDR puissent interagir et éliminer de manière active des molécules hydrophobes au niveau de la membrane cellulaire. La Pgp fonctionnerait alors comme un « aspirateur hydrophobe » (« hydrophobic vacuum cleaner ») pour transporter les molécules de l'intérieur vers l'extérieur de la cellule (**Figure 9**). Les protéines MDR fonctionneraient peut-être aussi comme des «flippases». Il s'agit d'une variante du modèle de «l'aspirateur hydrophobe» dont la représentation schématique est donnée dans la **Figure 10**.

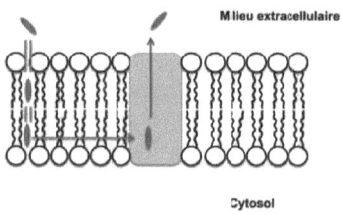
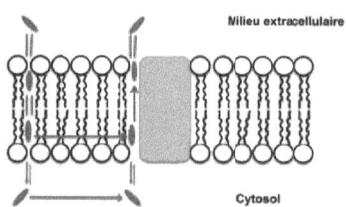

Figure 9 : Aspirateur hydrophobe[58]   **Figure 10 : Flippase[59]**

En 1997, Stein[60] propose une structure tertiaire de la Pgp (**Figure11**). La Pgp possèderait une cavité aqueuse dans laquelle les substrats seraient libérés suite à un changement conformationnel, avant de diffuser vers le milieu externe. Cette description est en accord avec les résultats obtenus par Rosenberg *et coll.*[61] qui ont décrit une structure sur la structure tridimensionnelle de la Pgp à faible résolution (2,5 nm). En effet, ils ont montré l'existence d'une grande cavité accessible au solvant qui se trouve au centre de la protéine.

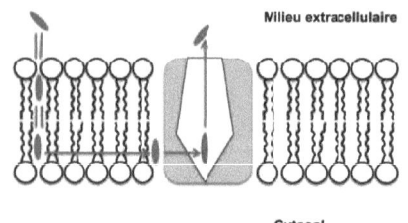

Figure 11 : Représentation du modèle de Stein[61]

➤ «Le modèle de la répartition altérée» («altered partionning model»)[62,63]. Les protéines MDR ne transporteraient pas les substances thérapeutiques mais augmenteraient le pH intracellulaire et diminueraient le potentiel membranaire. Par conséquent, des composés hydrophobes chargés comme les anticancéreux cytostatiques ou les réversants de la résistance multidrogue (cations lipophiles), pourraient être retenus différemment dans les cellules à Pgp positives ou négatives.

Un autre mécanisme indirect du transport des médicaments suggère que la Pgp réagit comme un canal ATP ouvert sur l'extérieur, générant un gradient électrochimique qui conduit les molécules à travers la membrane[64,65].

Par ailleurs, des études[66,67] réalisées par RPE (Résonance Paramagnétique Electronique) et anisotropie de fluorescence ont montré que l'ordre structural des lipides de la membrane augmente et que la fluidité de cette même membrane diminue chez certaines lignées cellulaires MDR, ce qui peut expliquer la faible concentration en agent chimiothérapeutique dans les cellules MDR. Cependant, le rôle de la Pgp au niveau de la réduction de la fluidité membranaire n'as pas été clairement établi. Par conséquent, le fait que la Pgp puisse affecter l'environnement lipidique[68] et que les interactions membrane-agent thérapeutique soient peut-être influencées par les conformations de la Pgp[69], semblent être importants sans toutefois que leur rôle soit clairement définis.

Puisqu'une interaction directe entre molécules et protéines de transport n'est pas nécessaire dans les modèles considérés, ces derniers peuvent expliquer la capacité des Pgp à interagir avec un grand nombre de substrats de structures variables partageant au moins deux caractéristiques : un haut degré d'hydrophobicité et la présence d'une charge positive à pH neutre. Toutefois, des données expérimentales favorisent une implication directe de la Pgp et de ses analogues dans les interactions et le transport de nombreuses substances. Ce mécanisme indirect doit contribuer au phénotype de résistance sans jouer de rôle critique dans la majorité des cellules MDR[23].

Au niveau des sites actifs de la Pgp, il y a des preuves de l'existence de nombreux sites non compétitifs[70]. La présence de deux sites actifs sur la Pgp avec des spécificités différentes est un autre moyen par lequel la Pgp pourrait transporter un large éventail de substrats[71].

La photo-affinité d'analogues de substrats de la Pgp a été utilisée pour caractériser les sites actifs. Le premier site se localise dans la partie amino-terminale intracellulaire, alors que le deuxième se situe dans la partie carboxy-terminale intracellulaire[72].

La Pgp est phosphorilée par une protéine kinase C (PKC) et les inhibiteurs de la PKC réduisent la phosphorylation de la Pgp, ce qui augmente l'accumulation en cytotoxique. Cela suggère donc que la phosphorylation de la Pgp stimulerait le transport moléculaire. Il existe donc des preuves de l'action directe des inhibiteurs de la PKC sur la Pgp, ces inhibiteurs diminuent le transport des molécules par les Pgp via un mécanisme dépendant de la phosphorylation de la Pgp[73,74].

V. Modulation de la MDR

1. Contôle pharmacologique des protéines de transport

Comme la MDR est le principal obstacle au succès des chimiothérapies anti-cancéreuses, un grand nombre de stratégies biochimiques, pharmacologiques et cliniques ont été mises au point pour contrer le problème.

Il existe des protocoles alternatifs de chimiothérapie qui sont la chimiothérapie à haute dose, l'utilisation d'une combinaison de plusieurs agents, ou la recherche d'analogues des agents cancéreux non soumis à la résistance. Mais, on peut aussi envisager l'inhibition de la Pgp et/ou la restauration de l'accumulation de l'anticancéreux par sa vectorisation via des liposomes ou des nanoparticules, par l'immunothérapie (ou thérapie anti-sens), ou encore par chimiosensibilisation (utilisation de modulateurs).

a. Chimiothérapie à hautes doses

Elle consiste en l'utilisation de grandes concentrations de drogues cytotoxiques pour surmonter les effets de l'extrusion cellulaire. Le problème évident est celui des effets latéraux dus à de ces fortes doses.

b. Utilisation d'anticancéreux non-substrats de la Pgp

Une autre approche consiste en l'utilisation de médicaments qui ne sont pas de bons substrats de la Pgp ou de la MRP1. Il existe des molécules qui ne sont pas transportées par ces protéines comme les cyclophosphamides et les cis-platinoïdes[75]. Des résultats intéressants ont également été obtenus avec les anthracyclines[76]. Ainsi, l'utilisation d'un analogue peptidique analogue de la doxorubicine permet d'éliminer le problème de l'extrusion[77].

c. Blocage de l'efflux

Un moyen pour résoudre le problème de la MDR est de bloquer l'efflux des cytotoxiques par l'inhibition des fonctions des transporteurs[78].

Le vérapamil, antagoniste des canaux calcique, a été le premier composé identifié comme ayant une activité réversante de la MDR[79] ; de nombreux autres l'ont été par la suite.

Des exemples sont donnés dans les **Tableaux 1 et 2.**

Tableau 1 : Agents réversants de première génération

Tableau 2 : Agents réversants de deuxième génération

Cependant, ces composés possèdent aussi des activités propres. Certains agissent sur le système nerveux central, d'autres sont myélo-suppresseurs, d'autres encore perturbent le système immunitaire.

Il est à noter enfin que les inhibiteurs de la Pgp augmentant le taux de substance dans le sérum, certains ont pensé pouvoir réduire les doses d'anticancéreux administrées. L'espoir mis dans cette procédure était que la diminution de dose devait entraîner une diminution de la concentration en agent thérapeutique dans l'organisme et donc une diminution de la toxicité. Malheureusement, des études menées avec le paclitaxel en combinaison avec le PSC 833 ont montré des résultats contradictoires accompagnés, en règle générale, d'une augmentation de la mortalité et de la morbidité. Ces complications pourraient avoir été dues à l'inhibition d'autre(s) protéine(s) impliquée(s) dans le métabolisme des médicaments.

2. Les modulateurs de la résistance multidrogue

Même si les chimiosensibilisateurs représentent un futur séduisant en chimiothérapie, leurs essais cliniques et plus encore leur utilisation n'en sont qu'à leurs premiers balbutiements.

Par définition, il recommandé qu'un modulateur soit un mauvais substrat[80,81], soit aussi autant que faire se peut, dénué de toute activité pharmacologique et, enfin, ne montre qu'une toxicité faible.

Des études des Relations Structure-Activité ont permis de définir quelques uns des pharmacophores supportant l'activité modulatrice et certaines de leurs propriétés caractéristiques.

En général, aucune sélectivité n'a été observée dans l'activité des molécules possédant un centre chiral sauf dans le cas de la quinidine qui est plus active la quinine. Cette absence de stéréospécificité suggère que le mécanisme d'action repose sur une interaction avec la membrane. D'ailleurs plusieurs travaux ont montré que de nombreux modulateurs interagissaient avec la membrane[82] ou perturbaient les propriétés biophysiques de celle-ci[83].

Les travaux de Ramu et Ramu[84] ainsi que ceux de Klopman *et coll.*[85] ont conduit aux résultats présentés dans le **Tableau 3**.

Fragments indispensables	Fragments défavorables
$-CH_2-CH_2-N-CH_2-CH_2$	Ammonium quaternaire (R_4N^+)
≥ 2 noyaux aromatiques	$-NH_2$ et/ou $-OH$ portés par les noyaux aromatiques
Masse molaire élevée	$-COOH$
LogP élevé	N appartenant à un cycle aromatique

Tableau 3 : Exemples de fragments favorables ou défavorables à l'activité de réversion de la MDR

De plus, au sein d'une famille homogène, on peut observer une évolution graduelle du comportement modulateur parallèlement à l'augmentation de la lipophilie[86].

Le lien établi entre l'interaction de la Pgp et les propriétés volumétriques des modulateurs permet de faire l'hypothèse de l'existence d'une poche d'interaction au niveau de la Pgp ce qui s'accorde avec les études cristallographiques dont on a parlé précédemment dans paragraphe IV.2.b.

La seule caractéristique commune à tous ces composés interagissant avec la Pgp est leur capacité à diffuser à travers la membrane lipidique des cellules.

La lipophilie et la présence d'une charge positive sont deux caractéristiques fréquentes quoique non indispensables pour caractériser les substrats et les modulateurs.

3. Caractéristiques d'un possible site d'interaction

Il existe différentes interactions ligand/site. On distingue celles par inhibition compétitive, non compétitive, ou mixte et celles par stimulation.

Chacun des sites de la Pgp possède une spécificité. Ils peuvent se recouvrir partiellement et se situes aussi au niveau des sites de liaison ATP.

On distingue :

➢ les <u>interactions de type ion-ion</u>. Elles s'observent lorsqu'il existe dans le ligand une fonction amine chargée au pH physiologique. Il y a dans ce cas une possibilité de liaisons électrostatiques avec des résidus chargés négativement. Mais certains ligands n'ont pas de charge positive formelle et la Pgp possède peu d'acides aminés chargés négativement au niveau des segments potentiellement importants pour les interactions. Il y adonc alors plutôt des interactions dipôle-dipôle.

➢ les <u>interactions de type π-π.</u> La présence de cycle aromatique chez le substrat permet des interactions de type aromatique-aromatique avec le ligand ; or, les segments trans-membranaires contiennent une proportion importante d'acides aminés aromatiques. L'étude d'une quinoline, le MS-209 (**Tableau 2**), a permis de déterminer qu'un résidu de la Pgp possédant un caractère donneur de liaison hydrogène pouvait s'intercaler entre deux noyaux aromatiques et interagir avec les orbitales délocalisées.

➢ <u>les interactions faibles de type Van der Waals.</u> Elles seraient dues à la présence de fonctions amines et s'engageraient entre les résidus aromatiques de la Pgp et ses ligands amino-aromatiques.

➢ <u>les interactions par liaison hydrogène</u>. Il existe une corrélation entre la présence de groupements riches en électrons (hétéroatomes/groupements carbonyle/groupements méthoxy) dans la structure des substrats et des modulateurs et leur capacité d'interagir avec la Pgp. Les interactions avec la protéine seraient proportionnelles au nombre de liaisons hydrogènes susceptibles d'être engagées. Cette hypothèse est renforcée par la présence de nombreux acides aminés dont les chaînes latérales ont un caractère donneur de liaisons H dans les segments trans-membranaires de la Pgp mdr3 de souris.

VI. Détermination de l'activité d'un composé

Il existe de nombreuses méthodes pour évaluer la modulation de la MDR. Certaines sont basées sur l'étude de l'effet d'un agent cytotoxique sur la croissance des lignées cellulaires en présence ou en absence de la substance à étudier. Le rapport entre la CI_{50} (Concentration Inhibitrice) du cytotoxique en présence ou en absence de réversant donne le pourcentage de MDR. Cependant, on n'obtient pas de cette manière d'informations sur le mécanisme d'action.

L'accumulation d'un cytotoxique ou son efflux en présence ou en absence de chimiosensibilisateur peut être aussi un indicateur de l'activité de la Pgp.

Chacune des méthodes utilisées est brièvement détaillée dans le **Tableau 4** avec ses avantages et ses inconvénients.

Méthode	Principe	Avantages	Inconvénients
1	Mesure de la cytotoxicité propre du composé sur des cellules sensibles et MDR (détermination du facteur de résistance) et/ou mesure de l'effet d'un modulateur "certifié" (Vérapamil, CsA...) sur la cytoxicité.	Détermine si le composé est soumis à la résistance.	La cytotoxicité fait intervenir d'autres facteurs en plus de l'accumulation cellulaire, ce qui complique l'interprétation. La résistance peut ne pas être due à la Pgp, Ceci est d'autant plus vrai chez les cellules obtenues par sélection.
2	Mesure de l'accumulation du composé dans des cellules exprimant la Pgp ou sur des vésicules reconstituées. Suivant le système expérimental, on a accès à la cinétique de l'accumulation.	Permet de déterminer si le composé est un substrat. Les études cinétiques donnent beaucoup d'information sur la perméabilité du composé.	Sur cellules entières, difficile d'estimer la concentration cytosolique (celle sur laquelle agirait la Pgp), du fait de la fixation sur les cibles intracellulaires et de la séquestration sub-cellulaire. D'autre part pour les composés très perméants, difficile de mettre en évidence le transport[87]
3	Mesure de l'effet du composé sur la cytotoxicité d'un anticancéreux soumis à la MDR	Détermine si le composé est un chimiosensibilisant	Idem méthode 1
4	Mesure de l'effet sur l'efflux et/ou l'accumulation d'un substrat certifié (Rh123, Hoecht 33342, J.-C.-1, DNR, VBL)	Détermine si le composé est chimiosensibilisant. Reflète *a priori* un effet sur l'activité de la Pgp.	Un composé donné peut avoir des effets différents voire opposés selon le substrat utilisé[88]. Ne donne aucun d'indication sur le transport du composé étudié par la Pgp et n'indique pas nécessairement une

			interaction avec la Pgp.
5	Mesure de l'effet sur l'activité ATPasique de la Pgp.	Indique une interaction directe avec la Pgp, moyennant quelques expériences de contrôle.	Ne permet pas de distinguer un modulateur d'un substrat[89]
6	Marquage de la Pgp par un analogue radioactif	Idem méthode 5	Idem méthode 5

Tableau 4 : Détermination de l'activité d'un réversant

Les sondes fluorescentes sont des composés largement utilisés dans l'étude des paramètres cellulaires très divers. L'efflux d'une sonde cationique lipophile, la Rhodamine 123 (**Figure 12**) est le test fonctionnel de la résistance multiple le plus sollicité à l'heure actuelle.

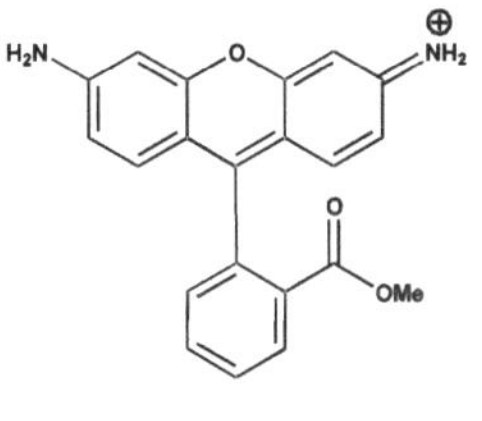

Figure 12 : Rhodamine 123

Azahétérocycles à potentialité biologique :
Les pyridoquinolines

Depuis de nombreuses années, le GERCTOP concentre ses efforts sur la synthèse de molécules azatricycliques à vocation thérapeutique.

Afin d'établir des études RSA aussi pertinentes que possible dans le domaine de la réversion de la résistance, différentes combinaisons entre noyaux benzéniques et pyridiniques ont été explorées.

Après des études antérieures ayant portées sur les squelettes naphthyridine[90], benzonaphthyridine[91], quinoléine[92], acridine[93], nous nous sommes pour notre part intéressés au squelette pyrido[3,2-g]quinoline (**Figure 13**).

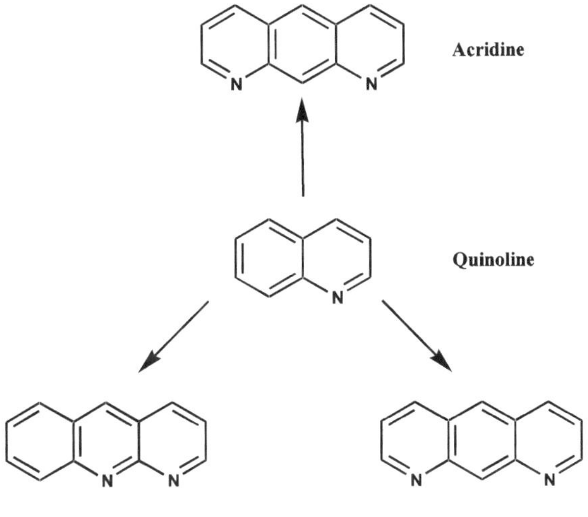

Figure 13 : Les différentes familles retenues pour l'étude du rôle du cycle dans la réversion de la résistance

De plus, nous avons fait varier l'hétéroatome support de la chaîne alkylamine nécessaire à l'activité[94] : c'est ainsi qu'ont été préparé des séries aussi homologues que possible de dérivés O, S et N-alkyles répondant à la structure présentée dans la **Figure 14**.

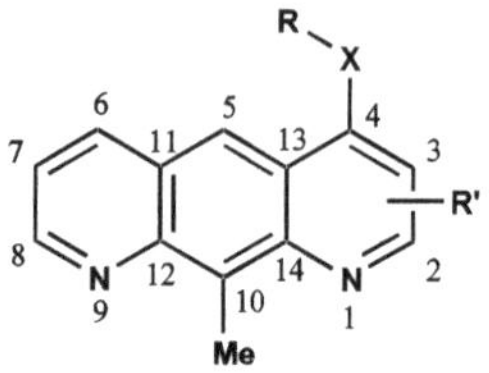

avec X = O, S, NH,
R = alkyl ou amino-alkyl,
R' = H, 2-CH$_3$, 3-CN, 3-COOEt

Figure 14 : Formule générale des pyrido[3,2-g]quinolines étudiées

I. Généralités

On accède généralement à ces composés par une réaction de Skraup[95] correspondant à une addition 1,4 de l'aniline sur l'acroléine qui après cyclisation forme la quinoléine (**Figure 15**).

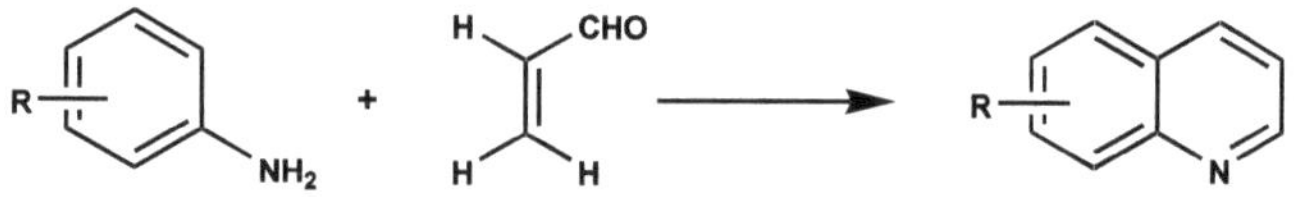

Figure 15

D'autres méthodes, qui dérivent de la synthèse de Skraup, ont été développées. Jordis et coll.[2] se sont ainsi inspirés de la réaction de Skraup et de la méthode de Gould-Jacobs[96] pour accéder aux pyridoquinolines (**Figure16**).

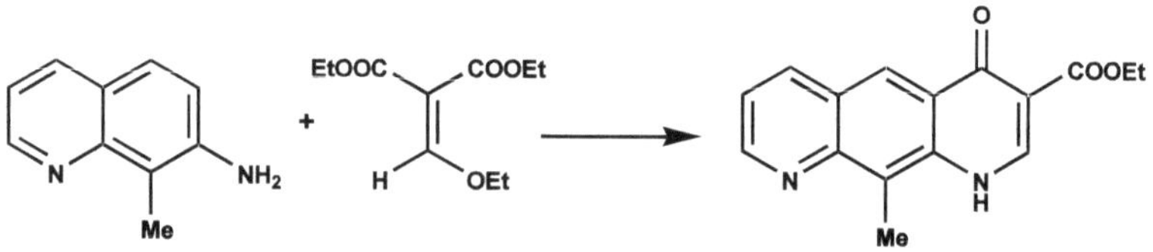

Figure 16

Godard[97] et Quast[98] ont synthétisé des pyridoquinolines en utilisant une variante de la réaction de Skraup mettant en jeu des o-aminoformylaldéhydes et des cétones ou des aldéhydes (**Figure 17**).

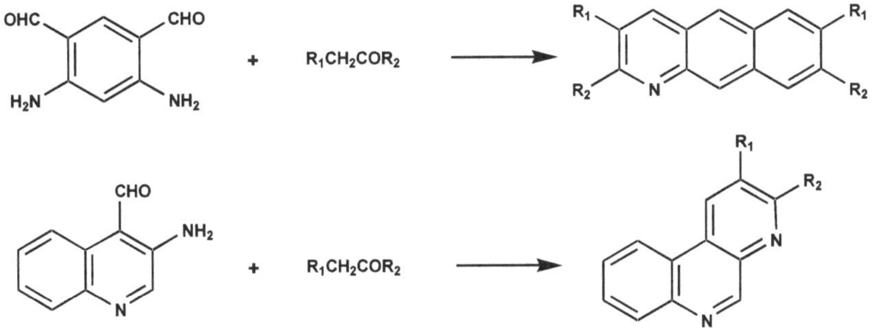

Figure 17

Ce que nous souhaitions réaliser au cours de ces travaux de recherche était d'établir une sorte de bibliothèque de produits analogues afin de compléter des travaux antérieurs. Nous savions déjà que des pyridoquinolines bis-substituées par des chaînes latérales amino-akyl possédaient une activité biologique significative tant au niveau de la réversion de la MDR qu'au niveau anti-parasitaire. Les molécules bis-substituées sont des molécules possédant un axe de symétrie et de nature très encombrée. Forts de ces constatations, nous avons imaginé qu'une molécule analogue moins encombrée possédant des caractéristiques communes et similaires pouvait permettre d'améliorer l'activité biologique. Il est apparu que les pyridoquinolines mono-substituées ou dissymétriques pouvaient répondre à nos attentes puisqu'elles représentaient un compromis intéressant entre les pyridoquinolines bis-substituées, et d'autres molécules d'intérêt biologique : les quinoléines et les acridines.

Cependant, selon la nature du produit de départ la réaction conduit à des pyridoquinolines ou à des benzonaphthyridines coudées. Pour éviter ce problème, nous avons travaillé avec le 2,6-diaminotoluène ce qui nous a permis d'éviter la formation du produit angulaire (**Figure18**).

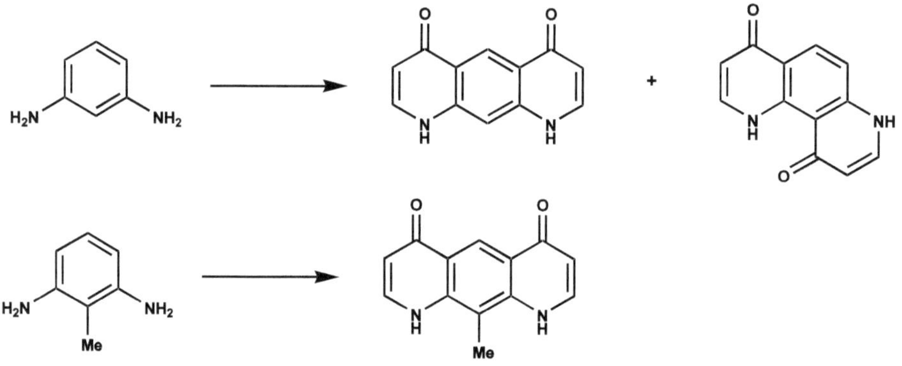

Figure 18

II. Préparation des dérivés de la pyrido[3,2-g]quinoline-4-one

Pour ce qui concerne les dérivés mono-fonctionnalisés de la 10-méthylpyrido[3,2-g]quinoline-4-one, la synthèse s'effectue en 3 étapes.

On prépare le premier intermédiaire, la 7-amino-8-méthylquinoline, par une réaction de Skraup[99] (**Figure 19**).

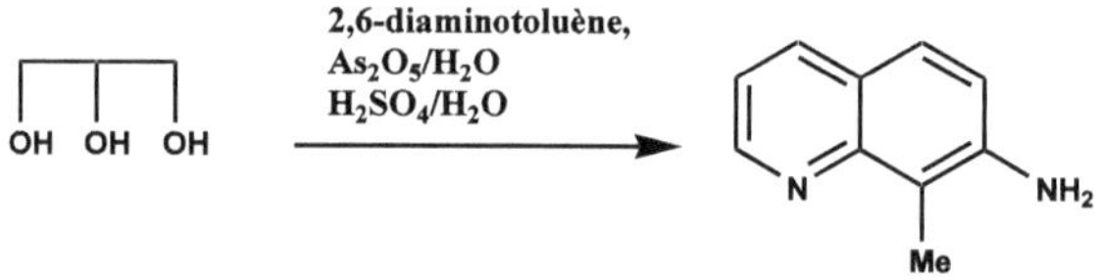

Figure 19

La réaction « one-pot » permet la synthèse *in situ* d'acroléine à partir de glycérol qui subit une déshydratation à l'acide sulfurique à 140°C (**Figure 20**).

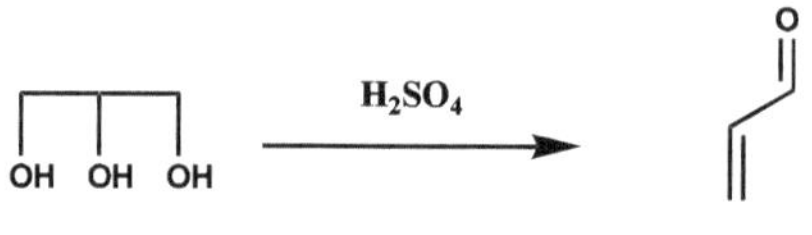

Figure 20

L'acroléine formée réagit avec une des deux fonctions amines du 2,6-diaminotoluène par une réaction d'addition-1,4 de Michael. L'intermédiaire ainsi obtenu se cyclise sous l'effet de la température. L'acide arsénique fraîchement préparé à partir de pentoxyde d'arsenic ajouté au milieu réactionnel joue, alors, le rôle d'agent oxydant. Il est le plus approprié à la synthèse effectuée[100]. Il permet par élimination d'hydrogène l'obtention du cycle pyridinique. Après optimisation, ce premier intermédiaire avec un rendement moyen de 60% (**Figure 21**).

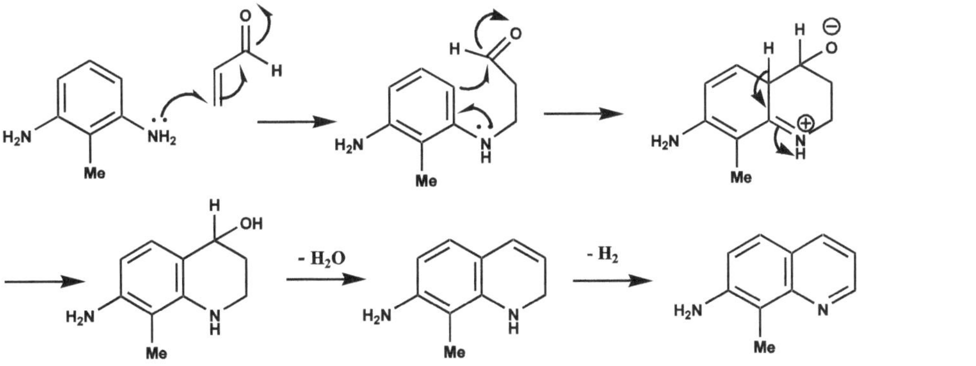

Figure 21

Malgré le fait qu'on utilise un large excès de glycérol, et donc qu'il se forme un large excès d'acroléine, on n'isole jamais, dans les conditions indiquées, le dérivé bis-cyclisé, c'est-à-dire la 10-méthylpyrido[3,2-g]quinoline (**Figure 22**). Il semble que lorsque la première amine en réagissant désactive la seconde fonction amine. L'addition-1,4 de l'acroléine est alors défavorisée au point que cette réaction soit quasi inexistante.

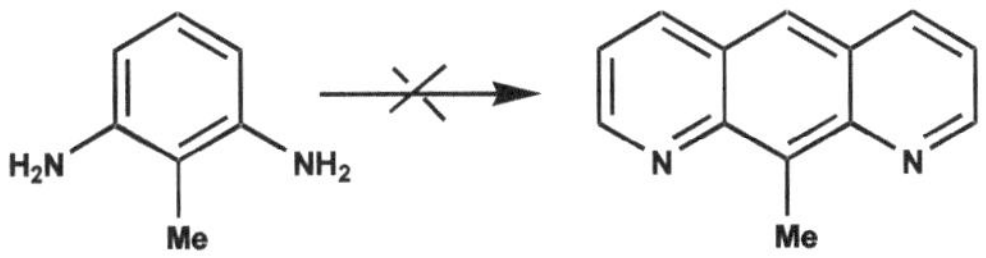

Figure 22

Le deuxième intermédiaire réactionnel est une imine. Elle est synthétisée en faisant agir l'éthoxyméthylènemalonate de diéthyle (EMME)[101], l'acétoacétate d'éthyle (AAE), ou le propiolate d'éthyle (PE) sur la fonction amine libre de la 7-amino-8-méthylquinoline. Cette réaction est une condensation de Gould-Jacobs. Ces réactions donnent des rendements de l'ordre de 80%, à l'exception de la réaction avec le propiolate d'éthyle où il n'est que de 30% (**Figure 23**).

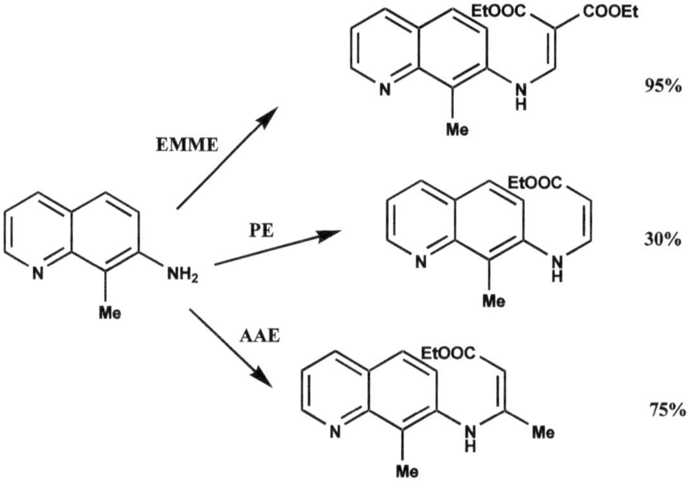

Figure 23

Enfin, la pyridoquinolinone est obtenue par cyclisation thermique de Conrad-Limpach[102] dans le diphényl éther (DPE, solvant à très haut point d'ébullition), sous courant d'azote afin de déplacer l'équilibre réactionnel en éliminant l'éthanol formé et éviter notamment des réactions secondaires et de polymérisation (**Figure 24**).

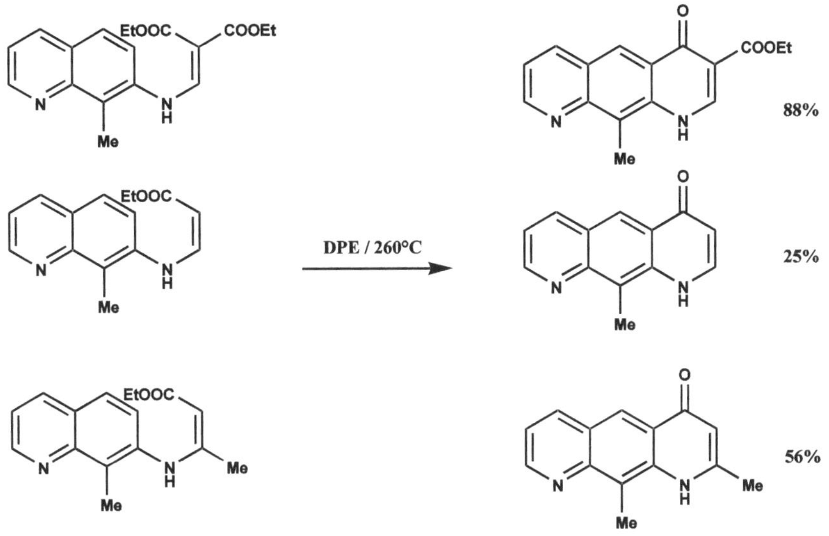

Figure 24

On peut tout de même noter que cette réaction, relativement facile dans sa mise en œuvre, pose des problèmes par les réactions secondaires qui l'accompagnent. En effet, il se forme souvent des impuretés en proportions non négligeables. Selon le profil thermique, deux sortes de réactions parasites peuvent se produire. Si la montée en température est trop lente, une réaction de polymérisation du motif se produit. Ceci est particulièrement vrai dans le cas de la 7-(carboéthoxyvinylamino)-8-méthyl-quinoline. Ce cas de figure a été décrit par Moore et Mitchell[103]. Si la montée en température est, au contraire, très rapide, la réaction de cyclisation se fait rapidement. Elle peut se poursuivre dans le cas de la 7-(di-carboéthoxyvinylamino)quinoline, par une décarboxylation du groupement carboéthoxy. On aboutit alors à un mélange de 10-méthylpyrido[3,2-g]quinoline-4-one et de 3-carboéthoxy-10-méthylpyrido[3,2-g]quinoline-4-one. Cependant, on n'arrive pas à une décarboxylation totale de la 3-carboéthoxy-10-méthylpyrido[3,2-g]quinoline-4-one dans ces conditions et quel que soit le temps de réaction.

Ces réactions parasites sont d'autant plus ennuyeuses que la nature des composés obtenus les rend très difficiles à purifier. Leur solubilité dans les solvants usuels étant très limitée, aucune méthode de purification n'a pu être mise au point.

Pour éviter ces réactions de polymérisation, il faut travailler en milieu fortement dilué.

On peut, à propos du processus de synthèse retenu, processus relativement facile et rapide, faire quelques remarques:

➢ la présence du méthyle dans le motif phénylènediamine est nécessaire afin d'éviter la formation de composé angulaire[104] lors de la cyclisation thermique. La présence du méthyle oriente ainsi la réaction vers la formation de la molécule linéaire.

➢ avec le propiolate d'éthyle, on obtient également le diéthyl ester de l'acide 4-[(8-méthyl-quinolin-7-ylamino)-méthylène]-pent-2-ènedioïque, en augmentant le temps de réaction (**Figure 25**).

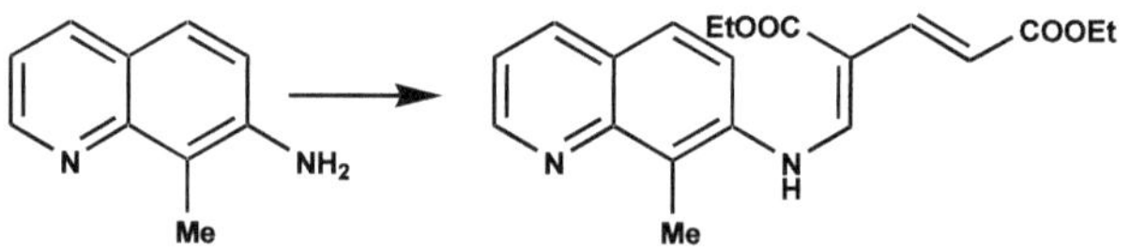

Figure 25

Ce produit par cyclisation thermique dans le diphényl éther conduit à l'éthyl ester de l'acide 1-(8-méthyl-quinoline-7-yl)-6-oxo-1,6-dihydro-pyridine-3-carboxylique (**Figure 26**).

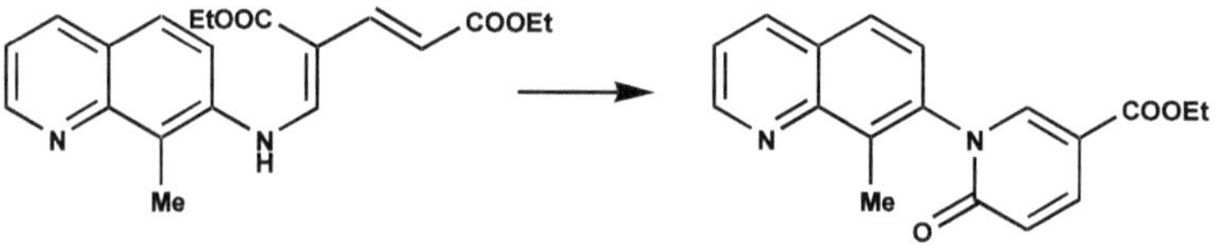

Figure 26

➤Lors d'une tentative d'obtention de la 2,10-diméthylpyrido[3,2-g]quinoline-4-one, on a pu accéder à un précurseur d'un nouveau motif intéressant que l'on retrouve chez certains antibiotiques : la 7-(acétoacétamido)-8-méthylquinoline[105] (**Figure 27**).

Pour l'obtention, il suffit de travailler dans les mêmes conditions que Matias *et coll*[95]. et de remplacer le solvant protique (éthanol) par un solvant aprotique (toluène). On obtient ainsi la 7-(acétoacétatamido)-8-méthylquinoline.

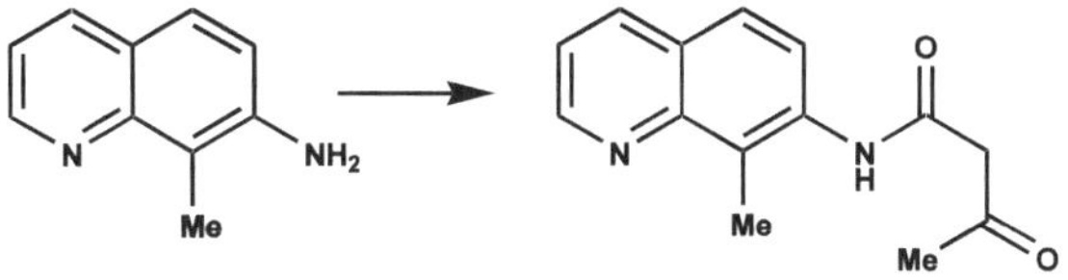

Figure 27

La cyclisation de cet intermédiaire dans l'acide polyphosphorique (APP) conduit à la formation de 4,10-diméthylpyrido[3,2-g]quinoline-2-one et à la 2,10-diméthylpyrido[3,2-g]quinoline-4-one.

Le fait qu'on puisse isoler la 2,10-diméthylpyrido[3,2-g]quinoline-4-one montre que l'action de l'acide polyphosphorique fragilise la liaison imine de la 7-(acétoacétamido)-8-méthylquinoline. Il peut alors se produire un réarrangement en 7-(carboéthoxyméthylvinyl)-8-méthylquinoline qui, par cyclisation, conduit à la 2,10-diméthylpyrido[3,2-g]quinoline-4-one (**Figure 28**).

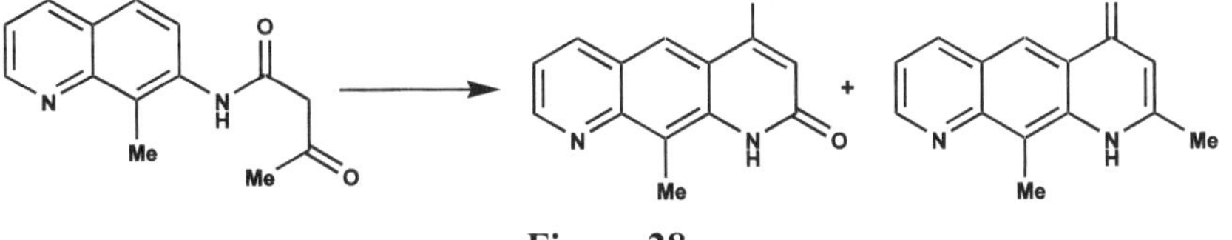

Figure 28

<u>Autre voie de synthèse de la 10-méthylpyrido[3,2-g]quinoline-4-one</u> (**Figure 30**).

Etant donné les faibles rendements obtenus dans les conditions standards de réaction (MeOH/température ambiante puis cyclisation dans le DPE), nous avons essayé de trouver une méthode avec laquelle nous pourrions à la fois augmenter le rendement et avoir une mise en oeuvre aussi aisée. Or, Graf *et coll.* [106] ont développé une méthode de synthèse de di-azahétérocycles aromatiques à partir de la 1,2-diamino (diisopropylidènemalonate)-phénylène diversement substituée (**Figure 29**). Cette méthode donne des rendements de l'ordre de 60%.

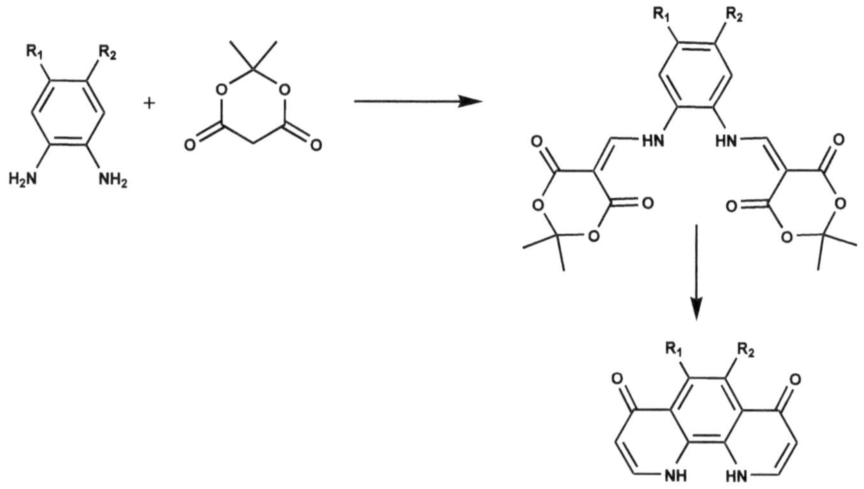

Figure 29

Nous l'avons adapté à la 7-amino-8-méthylquinoline afin d'obtenir l'intermédiaire (**Figure 30**) nécessaire à la synthèse de la 10-méthylpyrido[3,2-g]quinoline-4-one que nous avons ainsi préparée avec un rendement global de 60% contre 15% par la méthode qui consiste à faire réagir l'amine primaire libre de la 7-amino-8-méthylquinoline avec le carbone acétylénique terminal du propiolate d'éthyle dans le méthanol. On obtenait ainsi la 7-(carboéthoxyvinylamino)-8-méthylamino-quinoline qui était ultérieurement cyclisée. La réaction se faisait à température ambiante (20°C) pendant 24h[107]. Le temps devait être augmenté jusqu'à 48h heure si la température baissait.

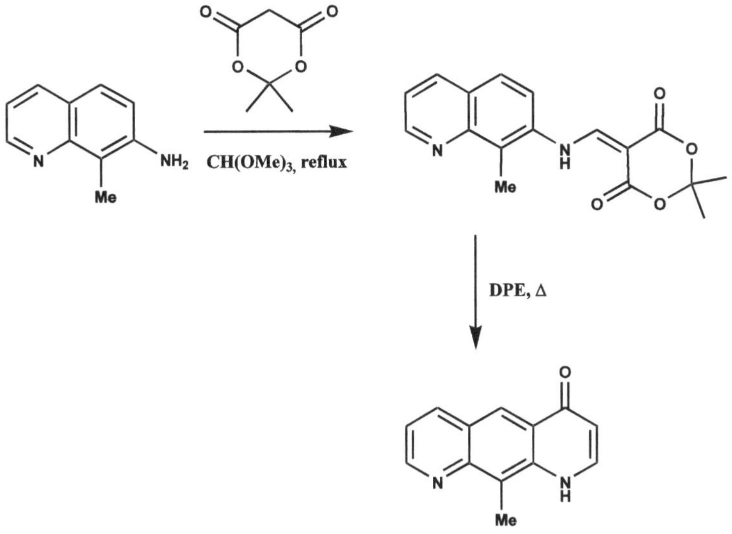

Figure 30

Dans le protocole retenu, l'acide de Meldrum résulte de la condensation de l'acide malonique avec de l'acétone. Sa synthèse a été réalisée pour la première fois en 1908 par A.N. Meldrum[108]. Cet acide possède un pKa (4.83) très élevé. Cette forte acidité explique la perte facile d'un proton (**Figure 31**).

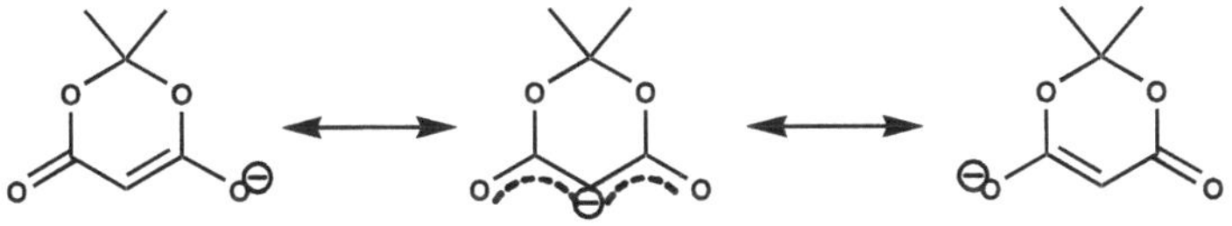

Figure 31

La réaction avec de l'orthoformiate de triméthyle effectuée à reflux et sous atmosphère d'azote permet l'obtention du méthoxyméthylène de l'acide de Meldrum. Le courant d'azote permet d'éliminer le méthanol de constitution chez l'intermédiaire et de déplacer la réaction vers la formation du composé attendu (**Figure 32**).

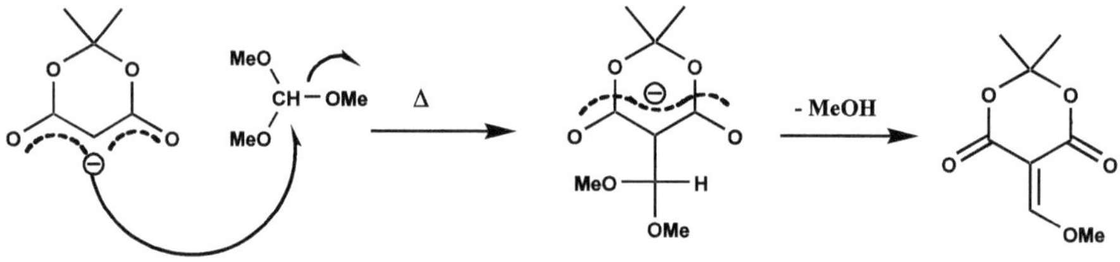

Figure 32

Le dérivé ainsi obtenu[109] peut réagir avec une fonction amine qui, dans notre cas, est celle de la 7-amino-8-méthylquinoline (**Figure 33**).

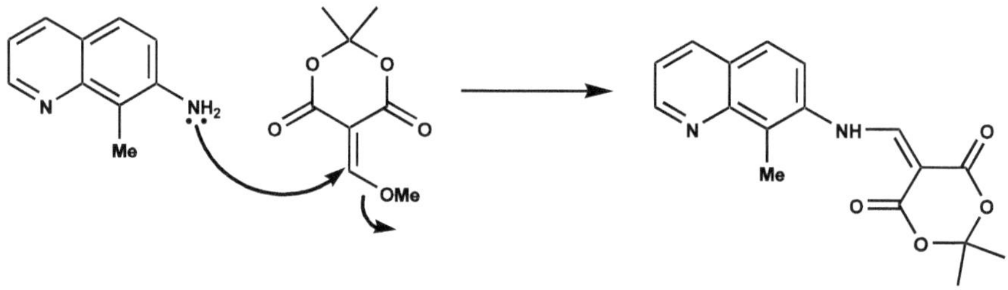

Figure 33

On obtient alors l'intermédiaire clé, qui par cyclisation dans le DPE, donnera finalement la 10-méthyl-pyrido[3,2g]quinoline-4-one (**Figure 34**).

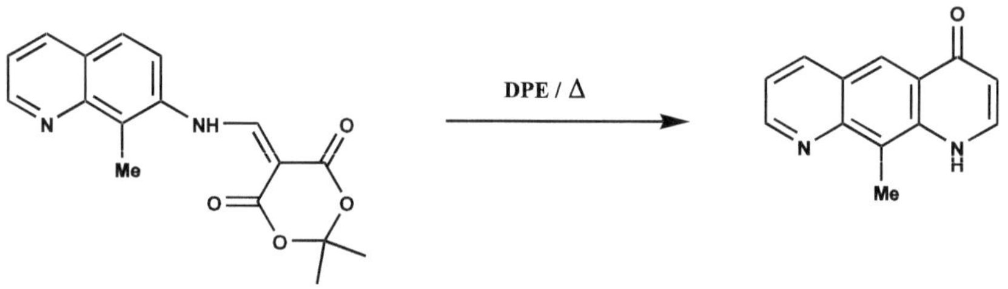

Figure 34

III. Obtention des dérivés de la 2,10-diméthyl-pyrido[3,2-g]quinoline-4-one

Compte tenu de la structure de la pyridoquinolinone préparée, on peut supposer qu'il y aura une compétition entre différents sites potentiels d'alkylation, à savoir la fonction cétone en 4, la fonction amine secondaire intracyclique en 1 et, éventuellement, dans le cas de composés substitués en 3 sur le noyau par des groupements convenables, une ou plusieurs fonctions carbonyles.

En raison de l'équilibre tautomère entre les fonctions carbonyle (en C-4) et l'amine secondaire (en C-1), le produit de départ existe sous deux formes A et B en raison de la dureté relative de chacun des sites concernés (**Figure 35**). C'est sous la forme B que la réaction s'effectue si bien que la O-alkylation est prépondérante[110] et nous n'avons jamais pu isoler un produit de N-alkylation.

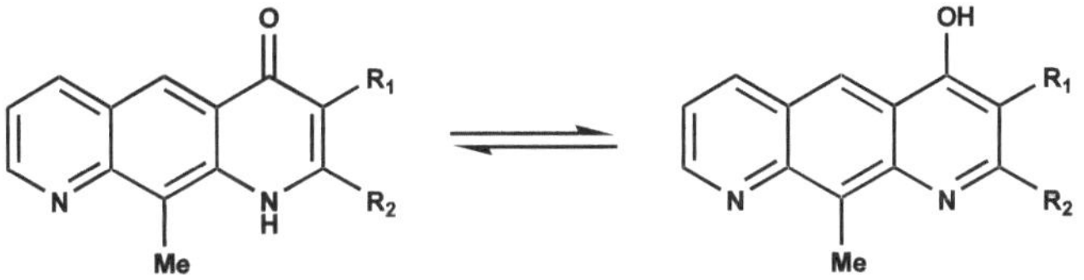

Figure 35

Le proton acide du groupement hydroxyle peut être arraché par une base et l'énolate formé peut attaquer l'halogénure $R^{\delta-}$-$X^{\delta+}$ pour former les dérivés alkoxy recherchés (**Figure 36**).

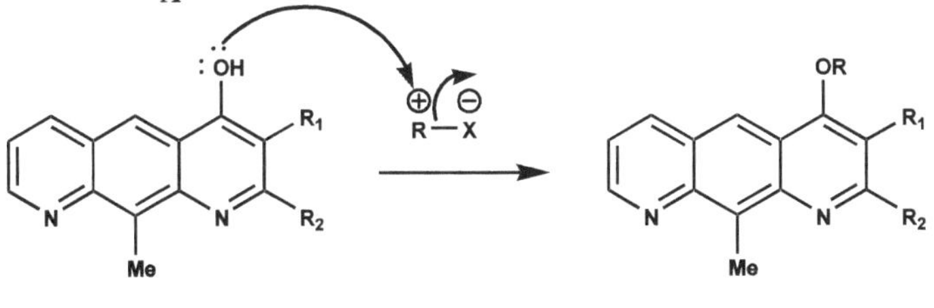

Figure 36

La réaction a été réalisée selon deux méthodes qui sont, pour l'une, par l'alkylation dans le DMF/K_2CO_3 et, pour l'autre, la Catalyse par Transfert de Phase (CTP). En raison de sa facilité de mise en œuvre et de la facilité du traitement du milieu réactionnel, la deuxième méthode a été privilégiée. De plus, il nous a semblé que l'utilisation d'une base plus forte (KOH) que K_2CO_3 permettrait un arrachement plus facile du proton facilitant le déplacement de l'équilibre tautomère de la forme A vers la forme B et donc susceptible d'améliorer le rendement.

On note aussi qu'il est préférable d'ajouter au mélange réactionnel un agent dispersant le TBAB. Ce produit joue ici un rôle important permettant aussi une meilleure dispersion de la phase organique dans l'eau. En augmentant la surface de contact entre les réactifs, on augmente le rendement de la réaction et la réactivité entre les composés mis en présence. Il s'agit d'une forme de CTP liquide-liquide[111].

Comparativement à la synthèse des pyridoquinolines symétriques[95], la synthèse des dérivés dissymétriques est plus difficile et se fait avec de plus faibles rendements. Cela pourrait venir du fait que l'équilibre tautomère se déplace moins facilement vers la formation du dérivé hydroxylé à cause d'une stabilité plus grande du système π. En effet, chez les pyridoquinolinones dissymétriques, un système π conjugué issu de la 7-amino-8-méthyl-quinoline de départ préexiste alors que chez les pyridoquinolinones symétriques ou bis-substituées, c'est l'alkylation qui crée la conjugaison.

Il faut signaler que la synthèse de la 3-carboéthoxy-10-méthylpyrido[3,2-g]quinoline-4-one a conduit a des résultats inattendus. En effet, aucun composé O-alkylé n'a pu être isolé. Par contre, nous sommes arrivés à isoler les dérivés souhaités à partir de la 10-méthylpyrido[3,2-g]quinoline-4-one et de la 2,10-diméthylpyrido[3,2-g]quinoline-4-one (**Figure 37**).

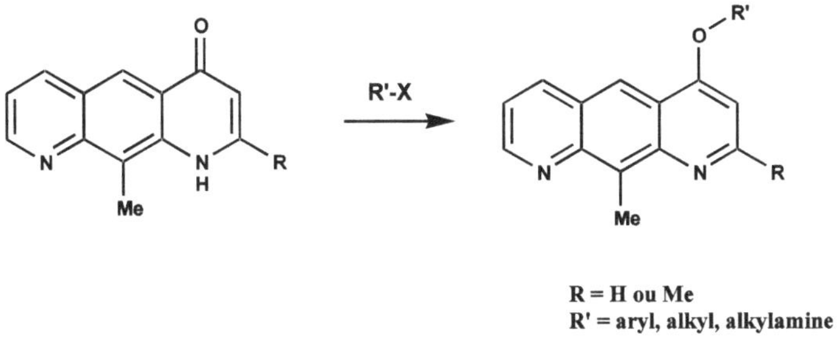

Figure 37

R = H ou Me
R' = aryl, alkyl, alkylamine

Il semblerait donc que la substitution en 3 par un groupement électron-attracteur défavorise la réaction principale ou favorise des réactions secondaires parasites.

Nous avons donc envisagé la "protection" ou "désactivation" du COOEt (site potentiel d'alkylation) de la 3-carboéthoxy-10-méthylpyrido[3,2-g]quinoline-4-one par l'hydrazine. La synthèse de ce dérivé amino-acétamido se fait dans les conditions décrites par Gilis[112] avec un rendement d'environ 50%. Néanmoins, aucune tentative d'alkylation de ce composé n'a permis d'isoler le dérivé O-alkyl.

Les produits préparés sont présentés **Tableau 5**.

Composé	R	Rendement*
6a	CH₂CH₂N(CH₃)₂	13%
6b	CH₂CH₂N (pyrrolidine-like, diethyl)	30%
6c	CH₂CH₂N(iPr)₂	20%
6d	CH₂CH₂N-pyrrolidinyl	23%
6e	CH₂CH₂N-piperidinyl	33%
6f	CH₂CH₂N-morpholinyl	24%
6g	CH₂-C₆H₅	21%
6h	CH₂CH₂CH₂N(CH₃)₂	11%

Tableau 5

* calculé après recristallisation.

IV. Obtention des dérivés de la 2,10-diméthyl-pyrido[3,2-g]quinoline-4-thione

On a préparé les dérivés S-alkylés de la 2,10-diméthylpyrido[3,2-g]quinoline-4-thione. La 2,10-méthylpyrido[3,2-g]quinoline-4-thione de départ est synthétisée à partir de la 2,10-diméthylpyrido[3,2-g]quinoline-4-one par thiation avec le réactif de

Lawesson. La thione est purifiée par recristallisation dans un mélange éthanol/eau. Elle donne lieu au même équilibre tautomère que la cétone correspondante mais nous savons que les conditions de la CTP ne conduisent qu'aux dérivés thio-substitués[113].

Les résultats sont rassemblés dans le **Tableau 6**.

Composé	R	Rendement*
8a	CH₂CH₂N(CH₃)₂	15%
8b	CH₂CH₂N(pyrrolidine)	34%
8d	CH₂CH₂N(pyrrolidine)	17%
8e	CH₂CH₂N(cyclohexyl)	33%
8f	CH₂CH₂N(morpholine)	26%
8g	CH₂-phényl	16%

Tableau 6

* calculé après recristallisation.

IV. Obtention des dérivés aminés de la 3-carboéthoxy-10-méthyl-pyrido[3,2-g]quinoline-4-one

L'obtention des dérivés aminés se fait généralement via un dérivé chloré, le 4-chloropyrido[3,2-g]quinoline. Ce dérivé chloré peut être obtenu par action de l'oxychlorure de phosphore (POCl₃) sur la pyrido[3,2-g]quinoline-4-one (**Figure 38**).

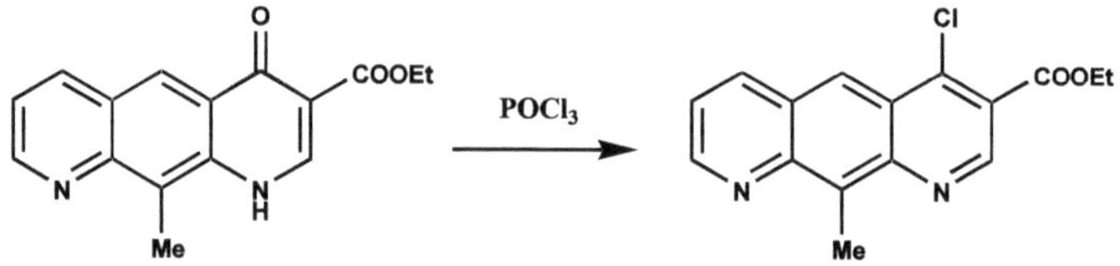

Figure 38

La synthèse de ce composé a été réalisée pour la 10-méthyl- pyrido[3,2-g]quinoline-4-one et la 3-carboéthoxy-10-méthylpyrido[3,2-g]quinoline-4-one mais pas pour la 2,10-diméthylpyrido[3,2-g]quinoline-4-one. Dans ce dernier cas, quelles que soient les conditions opératoires et les modes de traitements du milieu réactionnel, on n'isole que la cétone de départ. Il se peut que la réaction de chloration s'effectue mais lors de l'isolement, l'hydrolyse du composé chloré instable ne permet pas de récupéré le composé désiré.

Le rendement en dérivés chloré dans le cas de la 10-méthyl- pyrido[3,2-g]quinoline-4-one est de l'ordre de 65%. Il avoisine 80% avec la 3-carboéthoxy-10-méthylpyrido[3,2-g]quinoline-4-one.

La synthèse des dérivés aminoalkyl se fait par substitution nucléophile du chlore par des amines primaires RNH_2. Lorsque ces dernières sont des liquides, elles jouent à la fois le rôle de solvant et de réactif.

Les composés obtenus sont listés dans le **Tableau 7**.

Composé	R	Rendement*
10a	CH$_2$CH$_2$N(CH$_3$)$_2$	44%
10h	CH$_2$CH$_2$CH$_2$N(CH$_3$)$_2$	56%
10b	CH$_2$CH$_2$N(azétidine)	13%
10i	CH$_2$CH$_2$CH$_2$N(azétidine)	17%
10c	CH$_2$CH$_2$N(iPr)$_2$	39%
10d	CH$_2$CH$_2$N(pyrrolidine)	33%
10e	CH$_2$CH$_2$N(pipéridine)	35%
10f	CH$_2$CH$_2$N(morpholine)	61%
10j	CH$_2$CH$_2$CH$_2$N(morpholine)	63%

Tableau 7

* calculés après recristallisation.

L'ensemble de nos synthèses est schématisé de pages 137 à 140.

Partie Expérimentale

I. Méthodes d'identification des produits

La mesure des températures de fusion a été faite sur banc de Köfler ou, pour les températures supérieures à 250°C, par immersion dans un bain de silicone (appareil de Büchi). Les valeurs n'ont pas été corrigées.

Les spectres RMN du proton et du carbone 13 ont été enregistrés à température ambiante sur un spectromètre Brücker Aspect 200. Les déplacements chimiques (δ en ppm) sont donnés par rapport au TétraMéthylSilane (TMS) pris comme référence, les constantes de couplage (J) sont exprimées en Hertz. Les abréviations s, d, dd, t, q, m, smr ont leur signification usuelle : singulet, doublet, doublet dédoublé, triplet, quadruplet, multiplet et signal mal résolu.

II. Modes opératoires

Les pages suivantes rendent compte des modes opératoires des produits synthétisés et discutés dans la partie précédente.

➤ *7-amino-8-méthylquinoline*, **1**

C₁₀H₁₀N₂
PM : 158

Dans un ballon de 250 mL, on introduit 4,51 g (36,9 mmol) de 2,6-diaminotoluène, 28,50 g de glycérol (0,41 mol), une solution d'acide arsénique fraîchement préparée (19,04 g de pentoxide d'arsenic dans 15 mL d'eau), puis une solution d'acide sulfurique dilué (38 mL dans 35 mL d'eau). On porte le mélange à 140-150°C sous agitation pendant 4h30. On laisse le mélange revenir à température ambiante puis on l'hydrolyse en le versant sur un mélange eau-glace. La solution ainsi formée est alcalinisée par une solution d'ammoniaque à 20% jusqu'à obtention d'un précipité beige clair persistant. Le précipité est filtré, lavé à l'eau, séché. On obtient une poudre beige clair (3,92 g, 67%).

pf : 134-136°C - ***litt.* : *120°C*** [114,101a]

RMN ^{1}H (CDCl₃) : 2,6 (s, 3H, CH₃), 4,0 (m, 2H, NH₂), 7,0 (d, 1H , J = 8,7, H-5), 7,2 (dd, 1H, J = 8,1, J = 4,3, H-3), 7,6 (d, 1H, J = 8,7, H-6), 8,0 (dd, 1H, J = 8,1, J = 1,0, H-4), 8,9 (dd, 1H, J = 4,2, J = 1,0, H-2).

RMN ^{13}C (CDCl₃) : 10,4 (CH₃), 115,1 (C-8), 117,4 (C-3), 118,5 (C-6), 126,3 (C-5), 122,6 (C-5), 135,2 (C-4), 144,9 (C-7), 149,7 (C-2).

➤ *7-(carboéthoxyvinylamino)-8-méthylquinoline*, **2**

C₁₆H₁₈N₂O₂
PM : 270

Dans un ballon de 250 mL équipé d'un réfrigérant et d'une agitation magnétique sont additionnés 4,87 g de 7-amino-8-méthylquinoline (30,7 mmol) et 4,00 g d'acétoacétate d'éthyle (30,7 mmol), 35 mL d'éthanol d'absolu, 12 g de sulfate de calcium anhydre (drierite) et quelques gouttes d'acide acétique. Le mélange est porté à 80°C sous agitation pendant 5 jours. On filtre le milieu réactionnel afin d'éliminer le sulfate de calcium. Le filtrat est évaporé jusqu'à obtention d'un composé rouge foncé et sirupeux. Le produit ainsi formé n'a pu être purifié. Il est utilisé à l'état brut pour la suite des synthèses.

RMN ^{1}H (CDCl$_3$) : 1,25 (t, 3H, COOCH$_2$CH_3), 1,9 (s, 3H, CH$_3$), 2,8 (s, 3H, CH$_3$), 4,2 (q, 2H, COOCH$_2$CH$_3$), 4,8 (s, 1H, H-vinylique), 7,2 (d, 1H, H-6), 7,3 (dd, 1H, H-4), 7,6 (d, 1H, H-3), 8,1 (d, 1H, H-5), 8,9 (d, 1H, H-2), 11.5 (s, 1H, NH).

➢*2,10-diméthylpyrido[3,2g]quinoline-4-one*, **3**

$C_{14}H_{12}N_2O$
PM : 224

Dans un tricol équipé d'un thermomètre et d'une entrée d'azote, on place 80 mL de diphényléther, 6,00 g de 7-(carboéthoxyvinylamino)-8-méthylquinoline brute et de la pierre ponce. Le mélange est porté rapidement à 250°C et laissé à cette température pendant 1h. On laisse refroidir toujours sous courant d'azote jusqu'à une température de 60°C, puis on verse le mélange réactionnel dans 150 mL d'éther de pétrole. Un précipité floconneux rouge se forme. Ce précipité est filtré puis rincé abondamment à l'éther diéthylique. On obtient après séchage une poudre rouge carmin (3,00 g, 60%).

pf : 255°C

RMN ^{1}H (DMSO-d$_6$) : 2,5 (s, 3H, CH$_3$), 3,0 (s, 3H, CH$_3$), 5,9 (s, 1H , H-3), 7,5 (dd, 1H, J = 3,9, J = 8,3, H-6), 8,5 (dd, 1H, J = 1,8, J = 8,3, H-7), 8,6 (s, 1H, H-5), 9,0 (dd, 1H, J = 1,8, J = 3,9, H-8), 10,5 (s, 1H, NH-1).

➢4-[2'-(diméthylamino)éthoxy]-2,10-diméthylpyrido[3,2g]quinoline, 6a

C$_{18}$H$_{21}$N$_3$O
PM : 295

Dans un ballon de 250 mL surmonté d'un réfrigérant et équipé d'une agitation magnétique, sont introduits, 1,00 g (4,46 mmol) de 2,10-diméthylpyrido[3,2g]quinoline-4-one, 1,29 g (8,92 mmol, 2 éq) de chlorhydrate de 1-chloro-2-diméthylaminoéthane, 70 mL de toluène, 40 mL d'une solution de potasse à 50% (m/m), 0,3 g (0,9 mmol) de bromure de tétrabutylammonium (TBAB). Le mélange est porté à 110°C sous forte agitation pendant 48h, puis filtré à chaud et décanté. La phase aqueuse est extraite avec 3 fois 20 mL de toluène. Les phases organiques sont séchées sur sulfate de sodium anhydre, filtrées et évaporées. Le résidu huileux est mis à cristalliser au réfrigérateur. Le solide obtenu est repris par du toluène froid puis filtré et rincé avec le toluène froid. Une poudre jaune est obtenue (0,17g, 13%).

pf : 112-114°C

RMN ^{1}H (CDCl$_3$) : 2,4 (s, 6H, CH$_3$), 2,8 (s, 3H, CH$_3$), 2,95 (t, 2H, J = 5,7, H-2'), 3,4 (s, 3H, CH$_3$), 4,3 (t, 2 H, J = 5,7, H-1'), 6,6 (s, 1H, H-3), 7,43 (dd, J = 3,7, J = 8,4, 1H, H-6), 8,3 (dd, J = 1,8, J = 8,5, 1H, H-7), 8,6 (s, 1H, H-5), 9,0 (dd, J = 4,0, J = 1,9, 1H, H-8).

RMN ^{13}C (CDCl$_3$) : 12,3 (CH$_3$, C-2), 26,9 (CH$_3$, C-10), 46,1 (CH$_3$), 60,0 (CH$_2$, C-1'), 66,9 (CH$_2$, C-2'), 99,7 (CH, C-3), 118,9 (CH, C-7), 120,1 (CH, C-5), 120,7 (C, C-

13), 125,1 (C, C-11), 134, 0 (C, C-14), 137,2 (CH, C-6), 145,6 (C-10), 145,8 (C, C-12), 150,7 (CH, C-8), 160,5 (C, C-2), 161,4 (C, C-4).

➢ *4-[2'-(diéthylamino)éthoxy]-2,10-diméthylpyrido[3,2g]quinoline,* **6b**

$C_{20}H_{25}N_3O$
PM : 323

Dans un ballon de 250 mL surmonté d'un réfrigérant et équipé d'une agitation magnétique, sont introduits, 1,00 g (4,46 mmol) de 2,10-diméthylpyrido[3,2g]quinoline-4-one, 1,64 g (8,92 mmol, 2 éq) de chlorhydrate du 1-chloro-2-diéthylaminoéthane, 70 mL de toluène, 35 mL d'une solution de potasse à 50% (m/m), 0,3 g (0,9 mmol) de bromure de tétrabutylammonium (TBAB). Le mélange est porté à 110°C sous forte agitation pendant 24h, puis filtré à chaud et décanté. La phase aqueuse est extraite avec 3 fois 20 mL de toluène. Les phases organiques sont séchées sur sulfate de sodium anhydre, filtrées et évaporées. Le résidu huileux est recristallisé dans le toluène. Le solide obtenu est repris dans le toluène froid puis filtré et rincé au toluène froid. Une poudre beige est obtenue (0,43 g, 30%).

pf : 142-144°C

RMN ^{1}H (CDCl$_3$) : 1,1 (2 t, 2x3H, H-5'), 2,7 (2 q, 2x2H, H-4'), 2,7 (s, 3H, CH$_3$), 3,05 (t, 2H, J = 8,9, H-1'), 3,3 (s, 3H, CH$_3$), 4,25 (t, 2 H, J = 6,1, H-2'), 6,5 (s, 1H, H-3), 7,3 (dd, 1H, H-6), 8,3 (dd, 1H, H-7), 8,5 (s, 1H, H-5), 9,0 (dd, 1H, H-8).

RMN ^{13}C (CDCl$_3$) : 12,1 (CH$_3$, C-5'), 12,4 (CH$_3$, C-2), 27,0 (CH$_3$-C-10), 48,1 (CH$_2$, C-4'), 51,4(CH$_2$, C-1'), 67,4 (CH$_2$, C-2'), 99,9 (CH, C-3), 118,9 (CH, C-7), 119,9 (CH, C-5), 120,15 (C, C-13), 125,2 (C, C-11), 134,1 (C, C-14), 137,3 (CH, C-6), 145,6 (C-10), 145,9 (C, C-12), 150,8 (CH, C-8), 160,7 (C, C-2), 161,6 (C, C-4).

➢4-[2'-(diisopropylamino)éthoxy]-2,10-diméthylpyrido[3,2g]quinoline, 6c

C$_{22}$H$_{29}$N$_3$O
PM : 351

Dans un ballon de 250 mL surmonté d'un réfrigérant et équipé d'une agitation magnétique, sont introduits, 1,00 g (4,46 mmol) de 2,10-diméthylpyrido[3,2g]quinoline-4-one, 1,79 g (8,92 mmol, 2 éq) de chlorhydrate de 1-chloro-2-diisopropylaminoéthane, 70 mL de toluène, 35 mL d'une solution de potasse à 50% (m/m), 0,3 g (0,9 mmol) de bromure de tétrabutylammonium (TBAB). Le mélange est porté à 110°C sous forte agitation pendant 48h, puis filtré à chaud et décanté. La phase aqueuse est extraite avec 3 fois 20 mL de toluène. Les phases organiques sont séchées sur sulfate de sodium anhydre, filtrées et évaporées. Le résidu huileux est mis à cristalliser au réfrigérateur. Le solide obtenu est repris par du toluène froid puis filtré et rincé avec du toluène froid. Une poudre orangée est obtenue (0,31 g, 20%).

pf : 140°C

RMN ^{1}H (CDCl$_3$) : 1,1 (d, 12H, J = 6,5, H-5'), 2,8 (s, 3H, CH$_3$), 3,1 (m, 4H , H-4', H-1'), 3,4 (s, 3H, CH$_3$), 4,2 (t, 2 H, J = 7,1, H-2'), 6,6 (s, 1H, H-3), 7,3 (dd, 1H, H-6), 8,3 (dd, 1H, H-7), 8,6 (s, 1H, H-5), 9,0 (dd, 1H, H-8).

RMN ^{13}C (CDCl$_3$) : 12,3 (CH$_3$, C-2), 20,9 (CH$_3$, C-5'), 26,9 (CH$_3$-C-10), 44,1(CH$_2$, C-1'), 49,6 (CH, H-4'), 69,7 (CH$_2$, C-2'), 99,8 (CH, C-3), 118,9 (CH, C-7), 119,9 (CH, C-5), 120,0 (C, C-13), 125,1 (C, C-11), 133,9 (C, C-14), 137,2 (CH, C-6), 145,5 (C-10), 145,9 (C, C-12), 150,6 (CH, C-8), 160,7 (C, C-2), 161,6 (C, C-4).

➢ 4-[2'-(N-pyrrolidino)éthoxy]-2,10-diméthylpyrido[3,2g]quinoline, 6d

$C_{20}H_{23}N_3O$
PM : 321

Dans un ballon de 250 mL surmonté d'un réfrigérant et équipé d'une agitation magnétique, sont introduits, 1,00 g (4,46 mmol) de 2,10-diméthylpyrido[3,2g]quinoline-4-one, 1,52 g (8,92 mmol, 2 éq) de chlorhydrate de 1-chloro-2-pyrrolidinoéthane, 70 mL de toluène, 40 mL d'une solution de potasse à 50% (m/m), 0,3 g (0,9 mmol) de bromure de tétrabutylammonium (TBAB). Le mélange est porté à 110°C sous forte agitation pendant 24h, puis filtré à chaud et décanté. La phase aqueuse est extraite avec 3 fois 20 mL de toluène. Les phases organiques sont séchées sur sulfate de sodium anhydre, filtrées et évaporées. Le résidu huileux est mis à cristalliser au réfrigérateur. Le solide obtenu est repris par du toluène froid puis filtré et rincé avec le toluène froid. Une poudre beige/marron est obtenue (0,33 g, 23%).

pf : 148-150°C

RMN ^{1}H (CDCl$_3$) : 1,6 (m, 4H, CH$_2$), 2,6 (m, 4H, H-4'), 2,8 (s, 3H, CH$_3$), 3,0 (t, 2H, J = 6,1, H-1'), 3,4 (s, 3H, CH$_3$), 4,4 (t, 2H, J = 6,2, H-2'), 6,6 (s, 1H, H-3), 7,4 (dd, 1H, J = 4,0, J = 8,5, H-6), 8,3 (d, 1H, J = 1,9, J = 8,5, H-7), 8, 5 (s, 1H, H-5), 9,0 (dd, 1H, J = 1,9, J = 8,5, H-8).

RMN ^{13}C (CDCl$_3$) : 12,3 (CH$_3$, C-2), 24,1 (CH$_2$, C-5'), 26,0 (CH$_3$, C-10), 55,1 (CH$_2$, 4'), 57,5 (CH$_2$, C-2'), 66,8 (CH$_2$, C-1'), 99,7 (CH, C-3), 118,8 (CH, C-7), 119,8 (CH, C-5), 120,0 (C, C-13), 125,1 (C, C-11), 134,0 (C, C-14), 137,2 (CH, C-6), 145,5 (CH$_3$, C-10), 145,8 (CH$_3$, C-1), 150,6 (CH, C-8), 160,5 (C, C-2), 161,4 (C, C-4).

➢ 4-[2'-(N-pipéridino)éthoxy]-2,10-diméthylpyrido[3,2g]quinoline 6e

$C_{21}H_{25}N_3O$
PM : 335

Dans un ballon de 250 mL surmonté d'un réfrigérant et équipé d'une agitation magnétique, sont introduits, 1,00 g (4,46 mmol) de 2,10-diméthylpyrido[3,2g]quinoline-4-one, 1,64 g (8,92 mmol, 2 éq) de chlorhydrate de 1-chloro-2-pipéridinoéthane, 70 mL de toluène, 40 mL d'une solution de potasse à 50% (m/m), 0,3 g (0,9 mmol) de bromure de tétrabutylammonium (TBAB). Le mélange est porté à 110°C sous forte agitation pendant 24h, puis filtré à chaud et décanté, La phase aqueuse est extraite avec 3 fois 20 mL de toluène. Les phases organiques sont séchées sur sulfate de sodium anhydre, filtrées et évaporées. Le résidu huileux est trituré dans l'éther de pétrole puis l'éther de pétrole est évaporé. On obtient un solide marron (0,50 g, 31%).

pf : 135-137°C

RMN ^{1}H (CDCl$_3$) : 1,48 (m, 1H, H-6'), 1,63 (m, 4H, H-5'), 2,6 (t, 4H, H-4'), 2,8 (s, 3H, CH$_3$), 3,0 (t, 2H, J = 6,1, H-1'), 3,4 (s, 3H, CH$_3$), 4,4 (t, 2H, J = 6,2, H-2'), 6,6 (s, 1H, H-3), 7,4 (dd, 1H, J =4,0, J =8,5, H-6), 8,3 (d, 1H, J = 1,9, J = 8,5, H-7), 8, 5 (s, 1H, H-5), 9,0 (dd, 1H, J = 1,9, J = 8,5, H-8).

RMN ^{13}C (CDCl$_3$) : 12,4 (CH$_3$, C-2), 24,2 (CH$_2$, C-6'), 26,2 (CH$_2$, C-5'), 27,0 (CH$_3$, C-10), 55,3 (CH$_2$, 4'), 57,67 (CH$_2$, C-2'), 67,0 (CH$_2$, C-1'), 99,9 (CH, C-3), 118,9 (CH, C-7), 119,9 (CH, C-5), 120,2 (C, C-13), 125,3 (C, C-11), 134,2 (C, C-14), 137,4 (CH, C-6), 145,6 (C-10), 145,9 (CH$_3$, C-1), 150,8 (CH, C-8), 160,7 (C, C-2), 161,5 (C, C-4).

➢ 4-[2'-(N-morpholino)éthoxy]-2,10-diméthylpyrido[3,2g]quinoline, 6f

$C_{20}H_{23}N_3O_2$
PM : 337

Dans un ballon de 250 mL surmonté d'un réfrigérant et équipé d'une agitation magnétique, sont introduits, 1,20 g (5,36 mmol) de 2,10-diméthylpyrido[3,2g]quinoline-4-one, 1,99 g (10,7 mmol, 2 éq) de chlorhydrate de 1-chloro-2-morpholinoéthane, 70 mL de toluène, 40 mL d'une solution de potasse à 50% (m/m), 0,3 g (0,9 mmol) de bromure de tétrabutylammonium (TBAB). Le mélange est porté à 110°C sous forte agitation pendant 24h, puis filtré à chaud et décanté. La phase aqueuse est extraite avec 3 fois 20 mL de toluène. Les phases organiques sont séchées sur sulfate de sodium anhydre, filtrées et évaporées. Le résidu huileux est traité avec de l'éther de pétrole. Le précipité formé est filtré et recristallisé dans le toluène. Le solide obtenu est filtré et rincé avec du toluène froid. Une poudre cristalline rouge est obtenue (0,43 g, 24%).

pf : 204-206°C

RMN ^{1}H (CDCl$_3$) : 2,6 (smr, 4H, H-4'), 2,7 (s, 3H, CH$_3$), 3,0 (t, J = 5,8, 2H, H-1'), 3,3 (s, 3H, CH$_3$), 3,7 (smr, 4 H, H-5'), 4,3 (t, J = 5,7, 2 H, H-2'), 6,5 (s, 1H, H-3), 7,3 (dd, J = 4,0, J = 8,5, 1H, H-7), 8,25 (dd, J = 1,8, J = 8,5, 1H, H-6), 8,45 (s, 1H, H-5), 9,0 (dd, J = 4,0, J = 1,8, 1H, H-8).

RMN ^{13}C (CDCl$_3$) : 12,4 (CH$_3$, C-2), 27,0 (CH$_3$-C-10), 54,2 (CH$_2$, 5'), 57,4 (CH$_2$, C-4'), 66,7 (CH$_2$, C-1'), 67,1 (CH$_2$, C-2'), 99,9 (CH, C-3), 118,8 (CH, C-7), 119,8 (CH, C-5), 120,2 (C, C-13), 125,3 (C, C-11), 134,2 (C, C-14), 137,3 (CH, C-6), 145,6 (C-10), 145,9 (CH$_3$, C-1), 150,8 (CH, C-8), 160,6 (C, C-2), 161,4 (C, C-4).

➤4-benzyloxy-2,10-diméthylpyrido[3,2g]quinoline, 6g

$C_{21}H_{18}N_2O$
PM: 314

Dans un ballon de 250 mL surmonté d'un réfrigérant et équipé d'une agitation magnétique, sont introduits, 1,12 g (5 mmol) de 2,10-diméthylpyrido[3,2g]quinoline-4-one, 1,27 g (10 mmol, 2 éq) de chlorure de benzyle, 70 mL de toluène, 35 mL d'une solution de potasse à 50% (m/m), 0,3 g (0,9 mmol) de bromure de tétrabutylammonium (TBAB). Le mélange est porté à 110°C sous forte agitation pendant 24h, puis filtré à chaud et décanté. La phase aqueuse est extraite avec 3 fois 20 mL de toluène. Les phases organiques sont séchées sur sulfate de sodium anhydre, filtrées et évaporées. Le résidu huileux est recristallisé dans le xylène. Le solide obtenu est filtré et rincé avec du xylène froid. Une poudre ou de fines aiguilles jaunes sont obtenues (0,33 g, 21%).

pf : 198°C

RMN ^{1}H (CDCl$_3$) : 2,8 (s, 3H, CH$_3$), 3,4 (s, 3H, CH$_3$), 5,3 (s, 3H, CH$_2$-Ph), 6,7 (s, 1H, H-3), 7,35-7,57 (m, 6H, H-6, H-Ph), 8,3 (dd, 1H, J = 1,9, J = 8,5, H-7), 8,6 (s, 1H, H-5), 9,05 (dd, 1H, J = 1,7, J = 3,8, H-8).

RMN ^{13}C (CDCl$_3$) : 12,4 (CH$_3$, C-2), 27,0 (CH$_3$-C-10), 70,4 (CH$_2$, C-1'), 100,3 (CH, C-3), 119,0 (CH, C-7), 119,9 (CH, C-5), 120,2 (C, C-13), 125,3 (C, C-11), 127,8 (C-benz, C-3'), 128,7 (C-benz, C-5'), 128,9 (C-benz, C-4'), 134,3 (C, C-g), 136,9 (C-benz, C-2'), 137,3 (CH, C-6), 145,7 (C-10), 146,0 (CH$_3$, C-1), 150,8 (CH, C-8), 160,6 (C, C-2), 161,4 (C, C-4).

➢ 4-[2'-(diméthylamino)propyloxy]-2,10-diméthylpyrido[3,2g]quinoline, 6h

$C_{19}H_{23}N_3O$
PM : 309

Dans un ballon de 250 mL surmonté d'un réfrigérant et équipé d'une agitation magnétique, sont introduits, 1,00 g (4,46 mmol) de 2,10-diméthylpyrido[3,2g]quinoline-4-one, 1,41 g (8,92 mmol, 2 éq) de chlorhydrate de 1-chloro-2-diméthylaminopropane, 40 mL de xylène, 40 mL d'une solution de potasse à 50% (m/m), 0,2 g (0,6 mmol) de bromure de tétrabutylammonium (TBAB). Le mélange est porté à 140°C sous forte agitation pendant 24h, puis filtré à chaud et décanté. La phase aqueuse est extraite avec 3 fois 20 mL de xylène. Les phases organiques sont séchées sur sulfate de sodium anhydre, filtrées et évaporées. Le résidu huileux est recristallisé dans le toluène. Le solide obtenu est filtré et rincé avec du toluène froid. Une poudre jaune-orangé est obtenue (0,15 g, 11%).

pf : 122-124°C

RMN ^{1}H (CDCl$_3$) : 2,18 (q, 2H, J = 0,2, J = 6,7, H-2'), 2,31 (s, 6H, CH$_3$), 2,6 (t, 2H, J = 7,1, H-3'), 2,76 (s, 6H, H-4'), 3,35 (s, 3H, CH$_3$), 4,29 (t, 2 H, J = 6,5, H-1'), 6,60 (s, 1H, H-3), 7,37 (dd, J = 4,5, J = 8,4, 1H, H-6), 8,31 (dd, J = 1,3, J = 8,0, 1H, H-7), 8,54 (s, 1H, H-5), 9,04 (dd, J = 1,3, J = 3,4, 1H, H-8).

RMN ^{13}C (CDCl$_3$) : 12,3 (CH$_3$, C-10), 26,9 (CH$_3$, C-2), 27,30 (CH$_2$, C-2'), 45,5 (CH$_3$, C-4'), 56,3 (CH$_2$, C-1'), 66,7 (CH$_2$, C-3'), 99,7 (CH, C-3), 118,7 (CH, C-7), 119,8 (CH, C-5), 120,0 (C, C-13), 125,1 (C, C-11), 133,9 (C, C-14), 137,2 (CH, C-6), 145,5 (C-10), 145,8 (C, C-12), 150,6 (CH, C-8), 160,6 (C, C-2), 161,5 (C, C-4).

➢ 2,10-diméthylpyrido[3,2g]quinoline-4-thione, 7

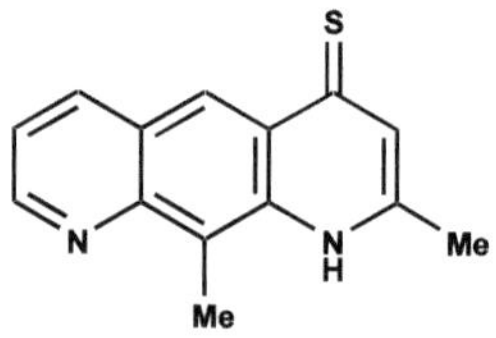

$C_{14}H_{12}N_2S$
PM : 240

Dans un ballon de 100 mL, on dissout 5,00 g (22,3 mmol) de 2,10-diméthylpyrido[3,2g]quinoline-4-one dans 30 mL de pyridine, on ajoute 9,03 g (22,3 mmol) du réactif de Lawesson. Le mélange est porté à 100°C pendant 4h. On laisse refroidir jusqu'à température ambiante puis on verse le mélange réactionnel dans 250-300 mL d'eau. Un précipité floconneux rouge se forme. Ce précipité est filtré et rincé abondamment à l'eau tiède ; on le reprend à reflux dans l'éthanol. On filtre à chaud puis on laisse revenir à température ambiante. On ajoute ensuite au filtrat de l'eau jusqu'à obtention d'un précipité rouge abondant. On obtient après séchage une poudre rouge brique (2,70 g, 51%).

pf : 195°C

RMN ^{1}H (DMSO-d_6) : 2,5 (s, 3H, CH$_3$), 3,0 (s, 3H, CH$_3$), 7,3 (d, J = 1,1, 1H , H-3), 7,5 (dd, 1H, J = 3,9, J = 8,4, H-6), 8,6 (dd, 1H, J = 1,8, J = 8,6, H-7), 9,0 (dd, 1H, J = 1,9, J = 4,1, H-8), 9,2 (s, 1H, H-5),11,5 (m, 1H, NH-1).

➢ 4-[2'-(diméthylamino)thioéthoxy]-2,10-diméthylpyrido[3,2g]quinoline, 8a

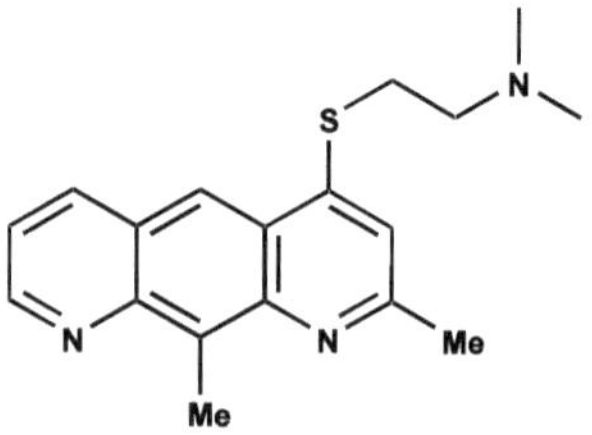

$C_{18}H_{21}N_3S$
PM : 311

Dans un ballon de 100 mL surmonté d'un réfrigérant et équipé d'une agitation magnétique, sont introduits, 0,50 g (2,08 mmol) de 2,10-diméthylpyrido[3,2g]quinoline-4-thione, 0,60 g (4,2 mmol, 2 éq) de chlorhydrate de 1-chloro-2-diméthylaminoéthane, 30 mL de toluène, 20 mL d'une solution de potasse à 50% (m/m), 0,1 g (0,3 mmol) de bromure de tétrabutylammonium (TBAB). Le mélange est porté à 110°C sous forte agitation pendant 72h, puis filtré à chaud et décanté. La phase aqueuse est extraite avec 3 fois 20 mL de toluène. Les phases organiques sont séchées sur sulfate de magnésium anhydre, filtrées et évaporées. Le résidu huileux est mis à cristalliser dans l'éthanol à basse température. Le solide obtenu est filtré et rincé avec de l'éthanol froid. Une poudre cristalline jaune-orangé est obtenue (0,10 g, 15%).

pf : 120°C

RMN ^{1}H (CDCl$_3$) : 2,37 (s, 6H, H-4'), 2,78 (s, 3H, CH$_3$), 2,78 (t, 2H, J = 7,1, H-2'), 3,27 (t, 2 H, J = 6,8, H-1'), 3,37 (s, 3H, CH$_3$), 7,08 (s, 1H, H-3), 7,39 (dd, J = 4,0, J = 8,4, 1H, H-6), 8,29 (dd, J = 1,9, J = 8,6, 1H, H-5), 8,52 (s, 1H, H-9), 9,05 (dd, J = 3,9, J = 1,8, 1H, H-7).

➤ *4-[2'-(diéthylamino)thioéthoxy]-2,10-diméthylpyrido[3,2g]quinoline,* **8b**

C$_{20}$H$_{25}$N$_3$S
PM : 339

Dans un ballon de 100 mL surmonté d'un réfrigérant et équipé d'une agitation magnétique, sont introduits, 0,5 g (2,08 mmol) de 2,10-diméthylpyrido[3,2g]quinoline-4-thione, 0,72 g (4,16 mmol, 2 éq) de chlorhydrate de 1-chloro-2-diéthylaminoéthane, 30 mL de toluène, 35 mL d'une solution de potasse à

50% (m/m), 0,1 g (0,3 mmol) de bromure de tétrabutylammonium (TBAB). Le mélange est porté à 110°C sous forte agitation pendant 48h, puis filtré à chaud et décanté. La phase aqueuse est extraite avec 3 fois 20 mL de toluène. Les phases organiques sont séchées sur sulfate de magnésium anhydre, filtrées et évaporées. Le résidu huileux est dissous dans un minimum d'acétate d'éthyle puis on ajoute de l'éther de pétrole. Un précipité marron apparaît ; il est filtré puis recristallisé dans l'éthanol. Après quelques heure à la température d'un bain de glace, le solide obtenu est filtré et rincé avec de l'éthanol froid. Une poudre cristalline jaune-orangé est obtenue (0,23 g, 34%).

pf : 112-114°C

<u>RMN ^{1}H (CDCl$_3$)</u> : 1,10 (t, 6H, H-5'), 2,66 (q, 4H, H-4'), 2,78 (s, 3H, CH$_3$-10), 2,90 (t, 2H , J = 7,8, H-1'), 3,26 (t, 2 H, J = 7,2, H-2'), 3,37 (s, 3H, CH$_3$-2), 7,11 (s, 1H, H-3), 7,39 (dd, 1H, J = 4,0, J = 8,4, H-6), 8,31 (dd, 1H, J = 1,5, J = 8,6, H-5), 8,50 (s, 1H, H-9), 9,05 (dd, 1H, J = 1,6, J = 3,8, H-7).

➤*4-[2'-(N-pyrrolidino)thioéthoxy]-2,10-diméthylpyrido[3,2g]quinoline,* **8d**

C$_{20}$H$_{23}$N$_3$S
PM : 337

Dans un ballon de 100 mL surmonté d'un réfrigérant et équipé d'une agitation magnétique, sont introduits, 0,50 g (2,08 mmol) de 2,10-diméthylpyrido[3,2g]quinoline-4-thione, 0,71 g (4,2 mmol, 2 éq) de chlorhydrate de 1-chloro-2-diméthylaminoéthane, 30 mL de toluène, 20 mL d'une solution de potasse à 50% (m/m), 0,1 g (0,3 mmol) de bromure de tétrabutylammonium (TBAB). Le mélange est porté à 110°C sous forte agitation pendant 72h, puis filtré à chaud et décanté. La phase aqueuse est extraite avec 3 fois 20 mL de toluène. Les phases organiques sont séchées sur sulfate de magnésium anhydre, filtrées et évaporées. Le résidu huileux est dissous dans de l'acétate d'éthyle puis mis à cristalliser dans la glace. Le solide obtenu est filtré et rincé avec de l'éthanol froid. Une poudre cristalline jaune-orangé est obtenue (0,12 g, 17%).

pf : 120°C

RMN ^{1}H (CDCl$_3$) : 1.86 (m, 4H, H-5'), 2,66 (m, 4H, H-4'), 2,78 (s, 3H, CH$_3$-10), 2,94 (t, 2H, J = 7,3, H-2'), 3,31 (t, 2H, J = 7,3, H-1'), 3,37 (s, 3H, CH$_3$-2), 7,10 (s, 1H, H-3), 7,39 (dd, 1H, J = 3,8, J = 8,4, H-6), 8,29 (d, 1H, J =1,7, J = 8,4, H-5), 8,52 (s, 1H, H-9), 9,04 (dd, 1H, J = 1,8, J = 4,0, H-7).

➤ *4-[2'-(N-pipéridino)thioéthoxy]-2,10-diméthylpyrido[3,2g]quinoline*, **8e**

$C_{21}H_{25}N_3S$
PM : 352

Dans un ballon de 100 mL surmonté d'un réfrigérant et équipé d'une agitation magnétique, sont introduits, 0,50 g (2,08 mmol) de 2,10-diméthylpyrido[3,2g]quinoline-4-thione, 0,77 g (4,16 mmol, 2 éq) de chlorhydrate de 1-chloro-2-pipéridinoéthane, 30 mL de toluène, 25 mL d'une solution de potasse à 50% (m/m), 0,1 g (0,3 mmol) de bromure de tétrabutylammonium (TBAB). Le mélange est porté à 110°C sous forte agitation pendant 48h, puis filtré à chaud et décanté. La phase aqueuse est extraite avec 3 fois 20 mL de toluène. Les phases organiques sont séchées sur sulfate de magnésium anhydre, filtrées et évaporées. Le résidu huileux est mis à cristalliser dans l'éthanol à la température d'un bain de glace. Le solide obtenu est filtré et rincé avec de l'éthanol froid. Une poudre cristalline jaune-orangé est obtenue (0,18 g, 25%).

pf : 158°C

RMN ¹H (CDCl₃) : 1,6 (m, 2H, H-6'), 2,58 (m, 4H, H-5'), 2,78 (s, 3H, CH₃-10), 2,85 (t, 2H, J = 7,2, H-2'), 3,30 (t, 2H, J = 7,2, H-1'), 3,37 (s, 3H, CH₃-2), 3,37 (m, 4H, H-4'), 7,10 (s, 1H, H-3), 7,40 (dd, 1H, J = 3,9, J = 8,6, H-6), 8,31 (dd, 1H, J = 1,8, J = 8,9, H-5), 8,50 (s, 1H, H-9), 9,06 (dd, 1H, J = 1,9, J = 3,9, H-7).

> ### 4-[2'-(N-morpholino)thioéthoxy]-2,10-diméthylpyrido[3,2g]quinoline, 8f

$C_{20}H_{23}N_3OS$
PM : 353

Dans un ballon de 100 mL surmonté d'un réfrigérant et équipé d'une agitation magnétique, sont introduits, 0,52 g (2,16 mmol) de 2,10-diméthylpyrido[3,2g]quinoline-4-thione, 0,80 g (4,30 mmol, 2 éq) de chlorhydrate de 1-chloro-2-morpholinoéthane, 25 mL de toluène, 20 mL d'une solution de potasse à 50% (m/m), 0,1 g (0,3 mmol) de bromure de tétrabutylammonium (TBAB). Le mélange est porté à 110°C sous forte agitation pendant 48h, puis filtré à chaud et décanté. La phase aqueuse est extraite avec 3 fois 20 mL de toluène. Les phases organiques sont séchées sur sulfate de magnésium anhydre, filtrées et évaporées. Le résidu huileux est repris dans un minimum d'acétate d'éthyle, puis mis à cristalliser dans un mélange acétone-glace. Le solide obtenu est filtré et rincé avec de l'acétate d'éthyle froid. Une poudre cristalline jaune-orangé est obtenue (0,20 g, 26%).

pf : 204-206°C

RMN ¹H (CDCl₃) : 2,60 (smr, 4H, H-1'), 2,80 (s, 3H, CH₃-10), 2,86 (t, J = 6,0, 2H, H-4'), 3,32 (t, J = 6,8, 2 H, H-5'), 3,39 (s, 3H, CH₃-2), 3,79 (smr, 4 H, H-2'), 7,12 (s, 1H, H-3), 7,42 (dd, J = 3,9, J = 8,5, 1H, H-6), 8,33 (dd, J = 1,7, J = 8,6, 1H, H-5), 8,52 (s, 1H, H-9), 9,08 (dd, J = 3,9, J = 1,8, 1H, H-7).

➢ 2,2-Diméthyl-5-[(8-méthylquinolin-7-ylamino)-méthylène]-[1,3]dioxane-4,6-dione, 11

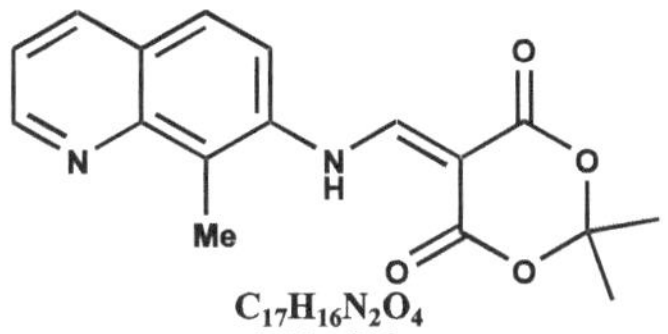

$C_{17}H_{16}N_2O_4$
PM : 312

Dans un tricol de 100mL équipé d'un réfrigérant, d'une agitation magnétique et d'une entrée d'azote sont portés à reflux pendant 2h sous flux d'azote, 1,06 g (7,36 mmol) d'acide de Meldrum et 25 mL d'orthoformate de triméthyle. A cette solution, on ajoute 1,00 g (6,33 mmol) de 7-amino-8-méthylquinoline. Le mélange est maintenu à reflux pendant encore une heure. On laisse revenir à température ambiante puis on évapore à sec afin d'obtenir un solide rouge foncé (1,48 g, 75%).

pf : 226°C

RMN ^{1}H (CDCl$_3$) : 1,75 (s, 6H, Me (Meldrum)), 2,84 (s, 3H, Me (C-8)), 7,38 (dd, 1H, J = 4,1, J = 8,2, H-3), 7,53 (d, 1H, J = 8,9, H-6), 7,80 (d, 1H, J =9,1, H-5), 8,11 (dd, 1H, J = 1,6, J =8,1, H-4), 8,74 (d, 1H, J =13,9, H-imine), 8,94 (dd, 1H, J = 1,6, J = 4,2, H-2), 11,75 (d, 1H, J = 13,9, NH).

➢ 10-méthylpyrido[3,2g]quinoline-4-one, 12

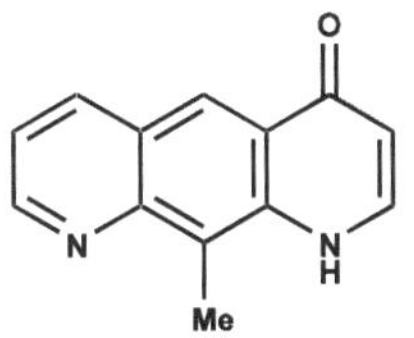

$C_{13}H_{10}N_2O$
PM : 210

Méthode I

Dans un tricol de 250mL équipé d'un thermomètre et d'une entrée d'azote, on place 60 mL de diphényléther, 1,00g de 2,2-diméthyl-5-[(8-méthylquinolin-7-

ylamino)méthylène]-[1,3]dioxane-4,6-dione brute et de la pierre ponce. Le mélange est porté rapidement à 250°C et laissé à cette température pendant 5 min. On laisse refroidir toujours sous courant d'azote jusqu'à une température de 60°C, puis on verse le mélange réactionnel dans 100 mL d'éther de pétrole. Un précipité marron se forme. Ce précipité est filtré et rincé abondamment avec deà l'éther de pétrole puis du méthanol puis de nouveau avec de l'éther de pétrole. On obtient après séchage une poudre beige foncé (0,56 g, 82%).

pf > 260°C

RMN ^{1}H (DMSO-d_6) : 2,93 (s, 3H, CH_3 (C-10)), 6,05 (d, 1H, J = 6,7, H-3), 7,48 (dd, 1H, J = 3,9, J = 8,4, H-7), 7,97 (dd, 1H, J = 6,3, J = 7,2, H-2), 8,55 (dd, 1H, J = 1,7, J = 8,4, H-6), 8,69 (s, 1H, H-5), 9,01 (dd, 1H, J = 1,8, J = 3,9, H-8), 11,19 (d, 1H, J = 7,5, NH).

Méthode II

On place un mélange de 7-amino-8-méthylquinoline (1,00 g, 6,37 mmol), de propiolate d'éthyle (0,66 g, 7 mmol) et de méthanol (3ml) à température ambiante sous agitation pendant 48h. On évapore à sec le milieu réactionnel, on obtient un solide beige foncé. Le solide obtenu est lavé avec de l'éther diéthylique froid, puis séché. On obtient la 7-(carboéthoxyvinylamino)-8-méthylquinoline sous forme d'une poudre beige clair-rosé (0,47 g, 29 %).

pf : 102-106°C

RMN ^{1}H (CDCl$_3$) : 1,3 (t, 3H, J = 7,1, COOCH$_2$CH_3), 2,8 (s, 3H, CH_3), 4,2 (q, 2H, J = 7,1, COOCH_2CH$_3$), 5,0 (d, 1H, J = 8,3, H-14), 7,3 (dd, 1H, J = 4,1, J = 8,1, H-13), 7,40 (d, 1H, J = 8,9, H-3), 7,5 (dd, 1H, J = 12,2, J = 8,3, H-7), 7,7 (d, 1H, J = 8,9, H-6), 8,1 (dd, 1H, J = 8,1, J = 1,6, H-4), 8,9 (dd, 1H, J = 1,6, J = 4,1, H-2), 10,5 (d, 1H, J = 12,2, NH).

RMN ^{13}C (CDCl$_3$) : 10,8 (CH$_3$), 14,6 (C-17), 59,6 (C-16), 88,8 (C-14), 114,3 (C-13), 119,2 (C-3), 120,7 (C-9), 124,5 (C-7), 126,9 (C-5), 136,3 (C-6), 139,0 (C-4), 142,85 (C-8), 148,0 (C-11), 150,3 (C-2), 170,6 (C=O).

Puis, on cyclise la 7-(carboéthoxyvinylamino)-8-méthylquinoline précedemment obtenue. Dans un tricol équipé d'un thermomètre et d'une entrée d'azote, on place 50 mL de diphényléther et de la pierre ponce. On porte la température à 120-130°C puis on rajoute 0,45 g de 7-(carboéthoxyvinylamino)8-méthylquinoline (1,76 mmol). Le mélange est porté rapidement à 250°C et laissé à cette température pendant 30-35 min. On laisse refroidir toujours sous courant d'azote jusqu'à une température de 60°C, puis on verse le mélange réactionnel dans 150 mL d'éther de pétrole. Un précipité marron se forme. Ce précipité est filtré et rincé abondamment avec de l'éther de pétrole puis du méthanol puis de nouveau avec de l'éther de pétrole. On obtient après séchage, une poudre marron très fine (0,15g, 40,6%).

pf> 260°C

<u>RMN ^{1}H (TFA-d)</u> : 2,85 (s, 1H, H-3), 2,92 (s, 3H, CH_3), 3,9 (s, 1H, H-2), 7,8 (dd, 1H, J = 8,1, J = 5,7, H-7), 8,7 (s, 1H, H-5), 9,0 (smr, 2H, H-6, H-8), 9,2 (m, 1H, NH).

<u>RMN ^{13}C (TFA-d)</u> : 11,9 (CH$_3$, Me), 49,1 (C-2), 107,2 (C-3), 122,2 (C-7), 122,5 (C-10), 125,5 (C-3), 126,2 (C-4'), 127,4 (C-5'), 138,7 (C-5), 141,6 (C-6), 146,0 (C-1'), 148,7 (C-9'), 152,1 (C-8), 180,2 (C=O).

➤*4-[2'-(diéthylamino)éthoxy]- 10-méthylpyrido[3,2g]quinoline,* **13**

$C_{19}H_{23}N_3O$
Mol. Wt.: 309

Dans un ballon de 250 mL surmonté d'un réfrigérant et équipé d'une agitation magnétique, sont introduits, 0,5 g (2,4 mmol) de 10-méthylpyrido[3,2g]quinoline-4-

one, 0,66 g (3,6 mmol, 1,5 éq) de chlorhydrate de 1-chloro-2-diéthylaminoéthane, 40 mL de toluène, 30 mL d'une solution de potasse à 50% (m/m), 0,2 g (0,9 mmol) de bromure de tétrabutylammonium (TBAB). Le mélange est porté à 110°C sous forte agitation pendant 48h, puis filtré à chaud et décanté. La phase aqueuse est extraite avec 3 fois 20 mL de toluène. Les phases organiques sont séchées sur sulfate de sodium anhydre, filtrées et évaporées. Le résidu pâteux est recristallisé dans le toluène. Le solide obtenu est repris par du toluène froid puis filtré et rincé avec du toluène froid. Une poudre jaune est obtenue (0,42 g, 57%).

pf : 92-94 °C

RMN ^{1}H (CDCl$_3$) : 1,1 (1 t, 3H, J = 7,2, H-5'), 2,7 (q, 2H, J = 7,2, H-4'), 3,1 (t, 2H, J = 6,4, H-2'), 3,4 (s, 3H, CH$_3$), 4,3 (t, 2H, J = 6,1, H-1'), 6,7 (d, 1H, J = 4,9, H-3), 7,4 (dd, 1H, J = 3,9, J = 8,6, H-6), 8,3 (dd, 1H, J = 1,9, J = 8,6, H-7), 8,5 (s, 1H, H-5), 9,05 (d, 1H, J = 4,9, H-2), 9,1 (dd, 1H, J = 1,9, J = 3,9, H-8).

RMN ^{13}C (CDCl$_3$) : 12,1 (CH$_3$, C-5'), 12,3 (CH$_3$, C-2), 48,1 (CH$_2$, C-4'), 51,4 (CH$_2$, C-1'), 67,7 (CH$_2$, C-2'), 99,0 (CH, C-3), 119,2 (CH, C-7), 120,4 (CH, C-5), 121,06 (C, C-13), 125,7 (C, C-11), 135,2 (C, C-14), 137,2 (CH, C-6), 145,3 (C-10), 146,2 (C, C-12), 150,9 (CH, C-8), 151,8 (C, C-2), 161,8 (C, C-4).

> *4-chloro-10-méthylpyrido[3,2g]quinoline, 14*

C$_{13}$H$_9$ClN$_2$
PM : 229

Dans un ballon de 100 mL surmonté d'un réfrigérant et équipé d'une agitation magnétique, sont introduits, 0,25 g (1,2 mmol) de 10-diméthylpyrido[3,2g]quinoline-4-one, 0,44 g (12 mmol, 10 éq) d'oxychlorure de phosphore. Le mélange est porté à 80°C sous forte agitation pendant 2h. On traite le milieu réactionnel refroidi à température ambiante, en le versant sur un mélange eau/amoniaque (pH = 10). Il se forme un précipité de couleur marron qui est filtré, abondamment lavé à l'eau puis séché. On obtient une poudre marron (0,18 g, 65%).

pf : 142°C

RMN ^{1}H (CDCl$_3$) : 3,41 (s, 3H, CH$_3$), 7,48 (dd, 1H, J =3,9, J = 8,5, H-6), 7,53 (d, J = 4,5, 1H, H-3), 8,38 (dd, 1H, J = 1,7, J = 8,7, H-5), 8,66 (s, 1H, H-9), 8,93 (d, 1H, J = 4,4, H-2), 9,02 (dd, 1H, J = 1,7, J = 3,7, H-7).

➤ *7-(dicarboéthoxyvinylamino)-8-méthylquinoline,* **3**

$C_{18}H_{20}N_2O_4$
PM : 328

On porte un mélange de 7-amino-8-méthylquinoline (2,50 g, 16 mmol) et de diéthyléthoxyméthylènemalonate (EMME, 4,30 g, 20 mmol) à 160°C sous agitation pendant 1h. On laisse refroidir jusqu'à température ambiante ; le milieu réactionnel se prend en masse. Le solide ainsi formé est filtré, lavé avec de l'éther diéthylique, séché. On obtient une poudre beige rosé (4,92 g, 95%).

pf : 140-144°C - ***litt. : 146-147°C***[115]

RMN ^{1}H (CDCl$_3$) : 1,35 (t, 3H, J = 7,1, COOCH$_2$CH_3), 1,4 (t, 3H, J = 7,1, COOCH$_2$CH_3), 2,8 (s, 3H, CH$_3$), 4,3 (q, 2H, J = 7,1, COOCH_2CH$_3$), 4,4 (q, 2H, J = 7,2, COOCH_2CH$_3$), 7,35 (dd, 1H, J = 4,2, J = 8,2, H-3), 7,5 (d, 1H, J = 9,0, H-5), 7,7 (d, 1H, J = 8,9, H-6), 8,1 (dd, 1H, J = 1,7, J = 8,2, H-4), 8,7 (d, 1H, J = 13,4, H-vinylique), 8,9 (dd, 1H, J = 1,7, J = 4,2, H-2), 11,5 (d, 1H, J = 13,6, NH).

➢ 3-(carboéthoxy)-10-méthylpyrido[3,2g]quinoline-4-one, 5

$C_{16}H_{14}N_2O_3$
PM : 282

Dans un tricol équipé d'un thermomètre et d'une entrée d'azote, on place 100 mL de diphényléther et de la pierre ponce. On monte la température à 120-130°C puis on rajoute 1,05 g de 7-(dicarboéthoxyvinylamino)quinoline (3,2 mmol). Le mélange est porté rapidement à 250°C et laissé à cette température pendant 1h. On laisse refroidir toujours sous courant d'azote jusqu'à une température de 60°C, et on verse le mélange réactionnel dans 150 mL d'éther de pétrole. Un précipité floconneux marron clair se forme. Ce précipité est filtré et rincé abondamment avec de l'éther de pétrole, du méthanol puis à nouveau avec de l'éther de pétrole. On obtient après séchage une poudre marron (0,79g, 88%).

pf : 290°C - ***litt. : 293°C***[115]

<u>RMN ^{1}H (TFA-d)</u> : 1,8 (t, 3H, CH$_3$-COOEt), 2,2 (s, 3H, CH$_3$), 2,9 (s, 1H, H vinylique), 3,5 (q, 2H, CH$_2$-COOEt), 7,0-9,2 (m, 4H, H aromatiques), 10,4 (s, 1H, NH).

➢ 3-(carboéthoxy)-4-chloro-10-méthyl-pyrido[3,2g]quinoline, 9

$C_{16}H_{13}ClN_2O_2$
PM : 301

Dans un ballon de 100 mL surmonté d'un réfrigérant et équipé d'une agitation magnétique, sont introduits, 3,0 g (10,6 mmol) de 3-(carboéthoxy)-10-

diméthylpyrido[3,2g]quinoline-4-one, 10 mL d'oxychlorure de phosphore. Le mélange est porté à 80°C sous forte agitation pendant 18h. On traite le milieu réactionnel refroidi à température ambiante, en le versant sur un mélange eau/amoniaque (pH = 10). Il se forme un précipité de couleur marron qui est filtré, abondamment lavé à l'eau puis séché. On obtient une poudre marron clair (2,54 g, 80%).

pf : 160-165°C

RMN ^{1}H (CDCl$_3$) : 1,49 (t, 3H, J = 7,2, CH$_3$-COOEt), 3,38 (s, 3H, CH$_3$-10), 4,53 (q, 2H, J = 7,2, CH$_2$-COOEt), 7,50 (dd, 1H, J = 4,1, J = 8,7, H-6), 8,39 (dd, 1H, J = 1,5, J = 8,4, H-7), 8,84 (s, 1H, H-5), 9,13 (dd, 1H, J = 1,7, J = 3,9, H-8), 9,30 (s, 1H, H-2).

➢ *3-(carboéthoxy)-4-[2'-(diméthylamino)éthylamino]-10-méthylpyrido[3,2g]quinoline,* **10a**

$C_{20}H_{24}N_4O_2$
PM : 352

Dans un ballon de 100 mL, sont introduits 0,50 g (1,67 mmol) de 3-(carboéthoxy)-4-chloro-10-méthylpyrido[3,2g]quinoline, 1,53 g (18 mmol, 12 éq) de 1-amino-2-diméthylaminoéthane. Le mélange est porté à 90°C pendant 4h. On laisse revenir à température ambiante puis on ajoute 50 mL de potasse à 15% (m/m). On laisse sous agitation pendant 18h environ. Il se forme un précipité beige foncé. On filtre le précipité. On recueille une poudre marron (0,26 g, 44%).

pf : 92-94°C (subl.)

RMN ^{1}H (CDCl$_3$) : 1,43 (t, 3H, J = 7,2, CH$_3$-COOEt (3)), 2,37 (s, 6H, H-4'), 2,65 (t, 2H, J = 6,0, H-2'), 3,29 (s, 3H, CH$_3$-10), 4,03 (m, 2H, H-1'), 4,41 (q, J =7,2, CH$_2$-COOEt), 7,38 (dd, 1H, J = 3,9, J = 8,5, H-7), 8,25 (dd, 1H, J = 8,5, J = 1,7, 1H, H-6),

8,67 (s, 1H, H-2), 9,06 (dd, 1H, J = 1,9, J = 4,1, H-8), 9,23 (s, 1H, H-5), 9,68 (m, 1H, N*H*-4).

RMN ^{13}C (CDCl3) : 12,40 (CH$_3$, C-10), 14,20 (CH$_3$- COOEt), 45,35 (CH$_3$, C-4'), 54,03 (CH$_2$, C-1'), 56,10 (CH$_2$, C-2'), 60,49 (CH$_2$, COOEt), 101,12 (CH, C-3), 119,49 (CH, C-7), 120,23 (CH, C-5), 124,25 (C, C-13), 124,36 (C, C-11), 134,90 (C, C-13), 137,42 (C, C-12), 146,10 (C, C-10), 147,34 (CH, C-6), 151,56 (C, C-8), 151,79 (CH, C-2), 157,86 (C, C-4), 168,58 (C=O, COOEt).

➢ *3-(carboéthoxy)-4-[2'-(diéthylamino)éthylamino]-10-méthylpyrido[3,2g]quinoline* **10b**

$C_{22}H_{28}N_4O_2$
PM : 380

Dans un ballon de 100 mL, sont introduits 0,50 g (1,67 mmol) de 3-(carboéthoxy)-4-chloro-10-méthylpyrido[3,2g]quinoline, 1,5 mL de 1-amino-2-diéthylaminoéthane. Le mélange est porté à 90°C pendant 3h. On laisse revenir à température ambiante puis on ajoute 50 mL de potasse à 15% (m/m). On laisse sous agitation pendant 2h environ. Il se forme un composé huileux qui surnage dans la phase aqueuse. On extrait le milieu réactionnel avec du chloroforme (3 x 25mL) puis on lave abondamment l'ensemble des phases organiques à l'eau. Les phases organiques sont séchées sur sulfate de magnésium anhydre puis filtrées et évaporer. On obtient un résidu solide de couleur brune. Ce composé est dissous dans un minimum d'éthanol, porté à reflux pendant 15 min puis filtré. On étend le filtrat avec de l'eau, le produit souhaité précipite. On obtient une poudre marron clair (0,08 g, 13%).

pf : 130-132°C

RMN ^{1}H (CDCl$_3$): 1,08 (t, 6H, J = 7,1, H-5'), 1,42 (t, 3H, J = 7,1, CH_3-COOEt (3)), 2,65 (q, 4H, J = 7,0, H-4'), 2,77 (t, 2H, J = 6,4, H-2'), 3,29 (s, 3H, CH_3-10), 4,00 (m, 2H, H-1'), 4,40 (q, J = 7,2, 2H, CH_2-COOEt), 7,38 (dd, 1H, J =3,9, J = 8,4, H-7), 8,26 (dd, 1H, J = 8,6, J = 1,9, 1H, H-6), 8,68 (s, 1H, H-2), 9,07 (dd, 1H, J = 1,9, J = 4,0, H-8), 9,23 (s, 1H, H-5), 9,64 (m, 1H, NH-4).

RMN ^{13}C (CDCl3) : 11,72 (CH$_3$, C-10), 12,44 (CH$_3$- COOEt), 14,38 (CH$_2$-C-5'), 46,94 (CH$_2$, C-1'), 47,39 (CH$_2$, C-4'), 53,17 (CH$_2$, C-2'), 60,45 (CH$_2$, COOEt), 101,10 (C, C-3), 119,62 (C, C-11 + C-13), 120,22 (CH, C-7), 124,27 (CH, C-5), 134,89 (CH, C-6), 137,43 (C, C-10), 146,15 (C, C-14), 147,41 (C, C-12), 151,64 (CH, C-2), 151,77 (CH, C-8), 157,71 (C, C-4), 168,41 (C=O, COOEt).

➢ *3-(carboéthoxy)-4-[2'-(diisopropylamino)éthylamino]-10-méthylpyrido[3,2g]quinoline,* **10c**

$C_{24}H_{32}N_4O_2$
PM : 409

Dans un ballon de 100 mL, sont introduits 0,50 g (1,67 mmol) de 3-(carboéthoxy)-4-chloro-10-méthylpyrido[3,2g]quinoline, 2,40 g (16,7 mmol, 10 éq) de 1-amino-2-diisopropylaminoéthane. Le mélange est porté à 90°C pendant 5h30. On laisse revenir à température ambiante puis on ajoute 50 mL de potasse à 15% (m/m). On laisse sous agitation pendant 1h environ. Il se forme un précipité beige. On filtre ce précipité qui est abondamment lavé à l'eau. On obtient une poudre beige (0,27g, 39%).

pf : 140-142°C

RMN ^{1}H (CDCl$_3$): 1,1 (d, 12H, J = 6,5, H-5'), 1,42 (t, 3H, J = 7,1, CH_3-COOEt (3)), 2,65 (q, 4H, J = 7,0, H-4'), 2,77 (t, 2H, J = 6,4, H-2'), 3,29 (s, 3H, CH_3-10), 4,00 (m, 2H, H-1'), 4,40 (q, J = 7,2, 2H, CH_2-COOEt), 7,38 (dd, 1H, J =3,9, J = 8,4, H-7), 8,26 (dd, 1H, J = 8,6, J = 1,9, 1H, H-6), 8,68 (s, 1H, H-2), 9,07 (dd, 1H, J = 1,9, J = 4,0, H-8), 9,23 (s, 1H, H-5), 9,64 (m, 1H, NH-4).

RMN ^{13}C (CDCl3) : 12,41 (CH$_3$, C-10), 14,32 (CH$_3$- COOEt), 23,68 (CH$_3$-C-5'), 48,35 (CH, C-4'), 54,13 (CH$_2$, C-1'), 56,22 (CH$_2$, C-2'), 60,49 (CH$_2$, COOEt), 101,12 (CH, C-3), 119,49 (CH, C-7), 120,23 (CH, C-5), 124,25 (C, C-13), 124,36 (C, C-11), 134,90 (C, C-13), 137,42 (C, C-12), 146,10 (C, C-10), 147,34 (CH, C-6), 151,56 (C, C-8), 151,79 (CH, C-2), 157,86 (C, C-4), 168,58 (C=O, COOEt).

➢ *3-(carboéthoxy)-4-[2'-(pyrrolidino)éthylamino]-10-méthylpyrido[3,2g]quinoline,* 10d

$C_{22}H_{26}N_4O_2$
PM : 378

Dans un ballon de 100 mL, sont introduits 0,50 g (1,67 mmol) de 3-(carboéthoxy)-4-chloro-10-méthylpyrido[3,2g]quinoline, 1,5 mL de 1-amino-2-pyrrolidinoéthane. Le mélange est porté à 80°C pendant 2h. On laisse revenir à température ambiante puis on ajoute 50 mL de potasse à 10% (m/m). On laisse sous agitation pendant 4h environ. Il se forme un précipité marron. On filtre ce précipité. Le résidu solide marron est dissous dans le minimum d'éthanol, porté à reflux pendant 15 min puis filtré. Le produit souhaité est précipité par addition d'eau au filtrat. On obtient une poudre marron (0,21 g, 33%).

pf : 92-94°C

RMN ^{1}H (CDCl$_3$) : 1,43 (t, 3H, J = 7,2, CH_3-COOEt (3)), 1,81 (m, 2H, H-5'), 2,64 (m, 4H, H-4'), 2,88 (t, 2H, J = 6,4, H-2'), 4,07 (q, 2H, J = 6,3, H-1'), 3,29 (s, 3H, CH_3-10), 7,37 (dd, 1H, J =4,0, J = 8,4, H-7), 8,25 (dd, 1H, J = 8,3, J = 1,7, 1H, H-6), 8,67 (s, 1H, H-2), 9,06 (dd, 1H, J = 1,8, J = 3,9, H-8), 9,23 (s, 1H, H-5), 9,63 (m, 1H, NH-4).

RMN ^{13}C (CDCl3) : 12,41 (CH$_3$, C-10), 14,32 (CH$_3$-COOEt), 23,68 (CH$_2$, C-5'), 48,35 (CH$_2$, C-1'), 54,13 (CH$_2$, C-4'), 56,22 (CH$_2$, C-2'), 60,49 (CH$_2$, COOEt), 101,12 (C, C-3), 119,49 (C, C-11 + C-13), 120,23 (CH, C-7), 124,25 (CH, C-5), 134,90 (C, C-10), 137,42 (CH, C-6), 146,10 (C, C-14), 147,34 (C, C-12), 151,56 (CH, C-2), 151,79 (CH, C-8), 157,86 (C, C-4), 168,58 (C=O, COOEt).

➢3-(carboéthoxy)-4-[2'-(pipéridino)éthylamino]-10-méthylpyrido[3,2g]quinoline, 10e

$C_{23}H_{28}N_4O_2$
PM : 392

Dans un ballon de 100 mL, sont introduits 0,50 g (1,67 mmol) de 3-(carboéthoxy)-4-chloro-10-méthylpyrido[3,2g]quinoline, 1,5 mL de 1-amino-2-pipéridinoéthane. Le mélange est porté à 80°C pendant 3h. On laisse revenir à température ambiante puis on ajoute 50 mL de potasse à 10% (m/m). On laisse sous agitation pendant 12h environ. Il se forme un précipité marron. On filtre ce précipité. Le résidu solide marron est dissous dans le minimum d'éthanol, porté à reflux pendant 15 min puis filtré. Le filtrat est refroidi dans la glace, il se forme un précipité. Par filtration, on obtient une poudre marron clair (0,23 g, 35%).

pf : 102-104°C

RMN ^{1}H (CDCl$_3$) : 1,42 (t, 3H, J = 7,2, CH_3-COOEt (3)), 1,6 (m, 2H, H-6'), 1,80 (m, 2H, H-5'), 2,63 (m, 4H, H-4'), 2,87 (t, 2H, J = 6,4, H-2'), 4,06 (q, 2H, J = 6,3, H-1'), 3,27 (s, 3H, CH_3-10), 7,37 (dd, 1H, J =4,0, J = 8,4, H-7), 8,25 (dd, 1H, J = 8,3, J = 1,7, 1H, H-6), 8,67 (s, 1H, H-2), 9,06 (dd, 1H, J = 1,8, J = 3,9, H-8), 9,23 (s, 1H, H-5), 9,63 (m, 1H, NH-4).

RMN ^{13}C (CDCl3) : 12,44 (CH$_3$, C-10), 14,38 (CH$_3$- COOEt), 24,37 (CH$_2$-C-5'), 26,03 (CH$_2$, C-6'), 46,62 (CH$_2$, C-1'), 54,60 (CH$_2$, C-4'), 58,81 (CH$_2$, C-2'), 60,46 (CH$_2$, COOEt), 101,30 (C, C-3), 119,65 (C, C-11 + C-13), 120,24 (CH, C-7), 124,25 (CH, C-5), 134,93 (C, C-10), 137,45 (CH, C-6), 146,14 (C, C-14), 147,38 (C, C-12), 151,53 (CH, C-2), 151,79 (CH, C-8), 157,81(C, C-4), 168,42 (C=O, COOEt).

➢3-(carboéthoxy)-4-[2'-(morpholino)éthylamino]-10-méthylpyrido[3,2g]quinoline, 10f

$C_{22}H_{26}N_4O_3$
PM : 394

Dans un ballon de 100 mL, sont introduits 0,50 g (1,67 mmol) de 3-(carboéthoxy)-4-chloro-10-méthylpyrido[3,2g]quinoline, 2,20 g (17 mmol, 10éq) de 1-amino-2-morpholinoéthane. Le mélange est porté à 90°C pendant 6h. On laisse revenir à température ambiante puis on ajoute 50 mL de potasse à 10% (m/m). On laisse sous agitation pendant 1h environ. Il se forme un précipité marron. On filtre ce précipité. Le résidu solide jaune est dissous dans le minimum d'éthanol, porté à reflux pendant 15 min puis filtré. Le produit souhaité précipite par addition d'eau au filtrat. Après filtration, on recueille une poudre jaune (0,40 g, 61%).

pf : 170-172°C

RMN ^{1}H (CDCl$_3$) : 1,43 (t, 3H, J = 7,2, CH_3-COOEt (3)), 2,56 (m, 4H, H-4'), 2,72 (t, 2H, J = 5,8, H-2'), 3,29 (s, 3H, CH_3-10), 3,77 (m, 4H, H-5'), 4,08 (q, 2H, J = 6,0, H-1'), 4,40 (q, 2H, J = 7,1, CH_2-COOEt), 7,39 (dd, 1H, J =3,9, J = 8,4, H-7), 8,25 (dd, 1H, J = 8,4, J = 1,7, 1H, H-6), 8,65 (s, 1H, H-2), 9,07 (dd, 1H, J = 1,9, J = 4,0, H-8), 9,25 (s, 1H, H-5), 9,75 (m, 1H, NH-4).

<u>RMN ^{13}C (CDCl3)</u> : 12,42 (CH$_3$, C-10), 14,34 (CH$_3$-COOEt), 28,10(CH$_2$, C-2'), 47,36 (CH$_2$-C-1'), 53,75 (CH$_2$, C-3'), 55,93 (CH$_2$, C-5'), 60,62 (CH$_2$, COOEt), 66,92 (CH$_2$, C-6'), 101,12 (CH, C-3), 119,49 (C, C-11 + C-13), 120,33 (CH, C-7), 124,30 (CH, C-5), 135,13 (C, C-10), 137,40 (CH, C-6), 146,21 (C, C-14), 147,38 (C, C-12), 151,44 (CH, C-2), 151,87 (C, C-8), 158,32 (CH, C-4), 169,00 (C=O, COOEt).

> *3-(carboéthoxy)-4-[2'-(diméthylamino)propylamino]-10-méthylpyrido[3,2g]quinoline,* **10h**

$C_{21}H_{26}N_4O_2$
PM : 366

Dans un ballon de 100 mL, sont introduits 0,50 g (1,67 mmol) de 3-(carboéthoxy)-4-chloro-10-méthylpyrido[3,2g]quinoline, 1,71 g (16,7 mmol, 10 éq) de 1-amino-2-diméthylaminopropane. Le mélange est porté à 90°C pendant 4h. On laisse revenir à température ambiante puis on ajoute 50 mL de potasse à 15% (m/m). On laisse sous agitation pendant 18h environ. Il se forme un précipité jaune. On filtre le précipité. On recueille une poudre jaune (0,34 g, 56%).
pf : 100-102°C
RMN ^{1}H (CDCl$_3$) : 1,43 (t, 3H, J = 7,2, CH_3-COOEt (3)), 2,0 (m, 2H, H-2'), 2,26 (s, 6H, H-5'), 2,49 (t, 2H, J = 6,8, H-3'), 3,30 (s, 3H, CH_3-10), 4,03 (m, 2H, H-1'), 4,41 (q, J =7,2, CH_2-COOEt), 7,39 (dd, 1H, J =4,0, J = 8,4, H-7), 8,26 (dd, 1H, J = 8,5, J =

1,6, 1H, H-6), 8,67 (s, 1H, H-2), 9,07 (dd, 1H, J = 1,9, J = 3,9, H-8), 9,24 (s, 1H, H-5), 9,69 (m, 1H, N*H*-4).

RMN ^{13}C (CDCl3) : 11,79 (CH$_3$, C-10), 12,52 (CH$_3$- COOEt), 29,52 (CH$_2$-C-2'), 47,27 (CH$_2$, C-5'), 47,65 (CH$_2$, C-1'), 50,10 (CH$_2$, C-3'), 60,56 (CH$_2$, COOEt), 106,1 (CH, C-3), 119,53 (CH, C-7), 120,25 (CH, C-5), 124,29 (C, C-13), 134,98 (C, C-11, C-13), 137,40 (C, C-12), 146,29 (C, C-10), 147,35 (CH, C-6), 151,58 (C, C-8), 151,78 (CH, C-2), 157,76 (C, C-4), 168,92 (C=O, COOEt).

➤*3-(carboéthoxy)-4-[2'-(diéthylamino)propylamino]-10-méthylpyrido[3,2g]quinoline,* **10i**

$C_{23}H_{30}N_4O_2$
PM : 395

Dans un ballon de 100 mL, sont introduits 0,50 g (1,67 mmol) de 3-(carboéthoxy)-4-chloro-10-méthylpyrido[3,2g]quinoline, 1,6 mL de 1-amino-2-diéthylaminopropane. Le mélange est porté à 90°C pendant 3h15. On laisse revenir à température ambiante puis on ajoute 50 mL de potasse à 15% (m/m). On laisse sous agitation pendant 3h environ. Il se forme un composé huileux qui surnage dans la phase aqueuse. On extrait le milieu réactionnel avec du chloroforme (3 x 25mL) puis on lave abondamment l'ensemble des phases organiques à l'eau. Les phases organiques sont séchées sur sulfate de magnésium anhydre puis filtrées et évaporées. On obtient un résidu solide de couleur brune. Ce composé est dissous dans le minimum d'éthanol, porté à reflux pendant 15 min puis filtré. Le produit souhaité précipite par addition d'eau au filtrat. On obtient une poudre noire (0,11 g, 17%).
pf : 70°C

RMN ^{1}H (CDCl$_3$) : 1,10 (t, 6H, J = 7,1, H-6'), 1,43 (t, 3H, J = 7,2, CH_3-COOEt (3)), 1,94, m, 2H, H-2'), 2,55 (q, 4H, J = 7,0, H-5'), 2,61 (t, 2H, J = 6,9, H-3'), 3,29 (s, 3H, CH_3-10), 4,00 (m, 2H, H-1'), 4,40 (q, J = 7,2, 2H, CH_2-COOEt), 7,38 (dd, 1H, J =4,0, J = 8,4, H-7), 8,25 (dd, 1H, J = 8,4, J = 1,7, 1H, H-6), 8,68 (s, 1H, H-2), 9,07 (dd, 1H, J = 1,7, J = 3,9, H-8), 9,13 (s, 1H, H-5), 9,60 (m, 1H, NH-4).

RMN ^{13}C (CDCl3) : 11,69 (CH$_3$, C-10), 12,42 (CH$_3$- COOEt), 14,33 (CH$_3$, C-6'), 28,88 (CH$_2$-C-2'), 47,07 (CH$_2$, C-5'), 47,77 (CH$_2$, C-1'), 50,07 (CH$_2$, C-3'), 60,56 (CH$_2$, COOEt), 106,1 (CH, C-3), 119,53 (CH, C-7), 120,9 (CH, C-5), 124,29 (C, C-13), 134,98 (C, C-11, C-13), 137,41 (C, C-12), 146,19 (C, C-10), 147,31 (CH, C-6), 151,58 (C, C-8), 151,78 (CH, C-2), 157,86 (C, C-4), 168,92 (C=O, COOEt),

➢ *3-(carboéthoxy)-4-[2'-(morpholino)propylamino]-10-méthylpyrido[3,2g]quinoline*, **10j**

$C_{23}H_{28}N_4O_3$
PM : 408

Dans un ballon de 100 mL, sont introduits 0,50 g (1,67 mmol) de 3-(carboéthoxy)-4-chloro-10-méthylpyrido[3,2g]quinoline, 2,50 g (18 mmol, 11éq) de 1-amino-2-morpholinopropane. Le mélange est porté à 90°C pendant 6h. On laisse revenir à température ambiante puis on ajoute 50 mL de potasse à 10% (m/m). On laisse sous agitation pendant 1h environ. Il se forme un précipité beige. On filtre ce précipité. Le résidu solide jaune est dissous dans le minimum d'éthanol, porté à reflux pendant 15 min puis filtré. Le produit désiré est obtenu en rajoutant de l'eau au filtrat. On obtient, après filtration du précipité, une poudre marron (0,44 g, 63 %).
pf : 175-177°C

RMN ^{1}H (CDCl$_3$) : 1,43 (t, 3H, J = 7,1, CH_3-COOEt (3)), 1,99 (m, 2H, H-2'), 2,46 (smr, 6H, H-3', H-6'), 3,29 (s, 3H, CH_3-10), 3,66 (m, 4H, H-5'), 4,08 (q, 2H, J = 6,0, H-1'), 4,40 (q, 2H, J = 7,1, CH_2-COOEt), 7,39 (dd, 1H, J =3,9, J = 8,4, H-7), 8,25 (dd, 1H, J = 8,4, J = 1,7, 1H, H-6), 8,65 (s, 1H, H-2), 9,07 (dd, 1H, J = 1,9, J = 4,0, H-8), 9,25 (s, 1H, H-5), 9,75 (m, 1H, NH-4).

RMN ^{13}C (CDCl3) : 11,70 (CH$_3$, C-10), 12,47 (CH$_3$- COOEt), 29,18 (CH$_2$-C-2'), 47,07 (CH$_2$, C-5'), 47,22 (CH$_2$, C-1'), 50,07 (CH$_2$, C-3'), 60,56 (CH$_2$, COOEt), 66,98 (CH$_2$, C-6'), 106,1 (CH, C-3), 119,51 (CH, C-7), 120,25 (CH, C-5), 124,29 (C, C-13), 134,88 (C, C-11, C-13), 137,48 (C, C-12), 146,19 (C, C-10), 147,30 (CH, C-6), 151,68 (C, C-8), 151,71 (CH, C-2), 157,86 (C, C-4), 168,92 (C=O, COOEt).

Activités Biologiques

Activité anti-malarique et réversion de la chloroquino-résistance chez *Plasmodium falciparum*

I. Activité anti-malarique

Nous avons, en collaboration avec l'IMTSSA (Institut de Médecine Tropicale du Service de Santé des Armées, le Pharo, Marseille), recherché l'activité antipaludique de nos molécules sur deux clones de *Plasmodium falciparum*, à savoir :

➤ Un chloroquino-sensible (3D7) provenant d'Afrique (Sierra Leone). Il a été utilisé pour un criblage systématique.

➤ Un chloroquino-résistant (W2) provenant d'Indochine. Il a servi non seulement à mesurer l'activité sur une souche résistante mais aussi à apprécier l'éventuelle capacité des substances testées à réverser la résistance à la chloroquine. On notera que cette souche est aussi résistante à la pyriméthamine et au proguanil.

1. Matériel et méthode

a. Préparation des clones

Le clone résistant et le clone sensible à la chloroquine ont été maintenus en culture continue. Cette méthode permet l'obtention des formes asexuées intra-érythrocytaires du parasite. Les cultures ont été synchronisées par la méthode de lyse au sorbitol avant chaque test. Les sensibilités à la chloroquine, au vérapamil et à nos dérivés ont été déterminées après mise en suspension dans un milieu RPMI 1640 (Life Technologies, Paisley, United Kingdom) complété avec 10% de sérum humain provenant de donneurs non-immuns du groupe A^+ ou du groupe AB et tamponné avec de l'HEPES (Acide N-tris(hydroxyméthyl)-N'-éthanesulfonique-2) à 25 nM et du $NaHCO_3$ à 25 mM afin de maintenir le pH dans les limites compatibles avec la croissance plasmodiale (7,05-7,75), soit un hématocrite de 1,5% et une parasitémie de 0,5%. Le principal objectif de ce double système de tampon est d'empêcher la diminution du pH du milieu, due à la production d'acide lactique par les parasites[115, 116]. Le renouvellement du milieu de culture a été quotidien.

Le sang ajouté a été lavé trois fois par du RPMI pour éliminer les traces éventuelles de médicaments ou d'enzymes qui pourraient interférer lors du test de chimiosensibilité.

Les cultures ont été mises en incubation à 37°C en atmosphère humide (95% d'humidité relative) contenant 10% d'O_2, 6% de CO_2 et 84% de N_2.

b.Test de chimiosensibilité *in vitro*

Le test quantifie la capacité de doses croissantes d'un anti-malarique à inhiber la multiplication des parasites du stade jeune trophozoïte au stade schizonte.

L'incorporation d'hypoxanthine tritiée, un des précurseurs des acides nucléiques, par *Plasmodium falciparum* permet de mesurer la croissance des parasites.

La méthode que nous avons utilisée est celle décrite par Le Bras et Deloron[117]. Nous avons travaillé avec une parasitémie de départ de 0,5% ajustée par dilution avec des hématies saines du groupe A^+. Ce mélange est mis en suspension dans du milieu de culture complet. La suspension parasitaire est répartie dans des plaques de 24 puits à raison de 750 µL par cupule.

Les plaques sont agitées puis incubées pendant 18h à 37°C en atmosphère humide (95% d'humidité relative) contenant 10% d'O_2, 6% de CO_2 et 84% de N_2.

Après cette incubation initiale, 25 µL d'une solution à 40 µCi/mL de [G-^{3}H] hypoxanthine (activité spécifique $52,2.10^{10}$ Bq/mmol) sont additionnés dans chaque cupule, soit 1 µCi par cupule. Les plaques sont alors incubées à nouveau pendant 24 heures.

Au terme de cette seconde incubation, soit 42 heures après le début du test, les plaques sont congelées à –20°C puis décongelées. L'hémolyse provoquée par cette opération libère les nucléoprotéines radio-marquées.

L'ensemble des nucléoprotéines et des débris cellulaires est recueilli sur un filtre en fibres de verre à l'aide d'un collecteur cellulaire (PHDTM cell harvester, Cambridge Technology Inc., Watertown, MA, USA).

Les filtres obtenus sont séchés et immergés dans 1 mL d'agent scintillant (Ultima Gold F, Packard Instrument Compagny, Meriden, CT, USA) dans des tubes de scintillation.

La radioactivité incorporée par les parasites est mesurée à l'aide d'un spectrophotomètre à scintillation liquide (Minaxi β Tricarb 4000, Packard).

2. Mesure des activités et discussion

L'activité anti-malarique d'un composé est exprimée par la valeur de la Concentration Inhibitrice dite CI_{50} qui se définit comme la concentration à laquelle la croissance des parasites est inhibée de 50% par rapport à un témoin étudié sans substance anti-parasitaire. Cette donnée est déterminée par une régression non linéaire des courbes Réponse = f(log dose).

Dans cette étude, la chloroquine nous a servi de référence avec une CI_{50} dans le cas de la souche chloroquino-sensible de 25 nM, et de 900 nM dans le cas de la souche chloroquino-résistante.

On définit alors la souche résistante par un facteur particulier appelé « facteur de résistance » (FR). C'est le rapport des activités de la substance étudiée sur chacune des deux souches considérées. Ici, il est de 45 pour la chloroquine.

$$FR = \frac{CI_{50} \text{ (souche résistante)}}{CI_{50} \text{ (souche sensible)}}$$

a. Etude des dérivés de la 2,10-diméthylpyrido[3,2-g]quinoline-4-one et 4-thione, 6 et 8

Treize composés ont été retenus sous forme de bases pour cette étude. Ils sont substitués en 2 et en 10 par des groupements méthyles et en 4 par des chaînes aryle ou aminoalkyle. Ces chaînes latérales sont branchées sur le tricycle plan via deux types d'hétéroatomes différents (O et S) ce qui permet de subdiviser l'ensemble en deux sous-groupes : celui des éthers et celui des thioéthers.

Les résultats sont présentés dans le **Tableau 8** et schématisés dans la **Figure39**.

	Composés	X	R	CI_{50} (µM)		Facteur de résistance
				3D7	W2	
	6a	O	$CH_2CH_2N(CH_3)_2$	8,9	6,6	0.74
	8a	S		17,7	12,2	0.69
	6b	O	$CH_2CH_2N(C_2H_5)_2$	16,4	6,5	0.40
	8b	S		17,7	4,3	0.24
	6c	O	$CH_2CH_2N(iPr)_2$	17,2	4,3	0.25
	6d	O	CH_2CH_2N-(pyrrolidine)	5,4	4,7	0.24
	8d	S		15,5	8,7	0.56
	6e	O	CH_2CH_2N-(pipéridine)	22,1	5,3	0.24
	8e	S		57,8	54,4	0.94
	6f	O	CH_2CH_2N-(morpholine)	23,3	23,0	0.96
	8f	S		46,9	20,7	0.44
	6g	O	CH_2-phényl	>100	92,5	-
	6h	O	$CH_2CH_2CH_2N(CH_3)_2$	6,8	2,9	0.43
	Chloroquine			0.02	0,9	45.0

Tableau 8

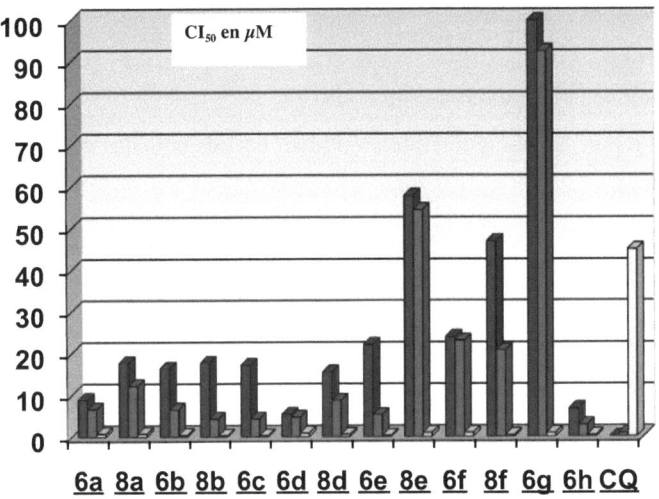

Figure 39 : Activité anti-paludique des dérivés de la 2,10-diméthylpyrido[3,2-g]quinoline-4-one et 4-thione (en bleu sur la souche chloroquino-sensible, en rouge sur celle chloroquino-résistante et en jaune le facteur de résistance).

On constate que l'activité est comprise entre 5 et 100 µM pour la souche sensible et entre 3 et 100 µM pour la souche résistante.

Dans un cas comme dans l'autre, comparés à la chloroquine, nos composés n'ont donc pas d'activité significative sur le parasite.

Néanmoins, en règle générale, les dérivés testés sont sensiblement plus actifs sur la souche résistante que sur la souche sensible. Ceci se traduit par un facteur de résistance toujours inférieur à 1 alors que nous l'avons vu égal à 45 pour la chloroquine.

Quelques études RSA peuvent être aisément établies :

➢ Avec les deux clones, le composé **6g** n'a aucune activité. Il ne semble pas que la cause puisse être dans l'encombrement stérique, les volumes des composés **6d**, **6e** et **6f** étant du même ordre de grandeur. En revanche, **6g** ne possède aucun azote protonable extracyclique qui serait donc un fragment moléculaire important dans l'activité considérée.

➢ Avec le clone chloroquino-sensible 3D7 :

-d'une part, à chaîne latérale identique, hormis pour les composés **b**, les éthers sont plus actifs que les thioéthers. Le rapport est voisin de 2 à 3. Ce résultat souligne l'importance de l'hétéroatome bien que nous ne soyons pas encore à même, à ce stade du travail, d'en expliquer le pourquoi.

-d'autre part, l'alourdissement des substituants de l'azote extracyclique semble défavorable. Ainsi l'activité diminue-t-elle selon la séquence :

<u>6a</u> ~ <u>6h</u> > <u>6b</u> ~ <u>6c</u> ~ <u>6e</u> ~ <u>6f</u>

Toutefois, **6d** est aussi actif, sinon plus, que **6a** ou **6h**. On peut supposer qu'il existe alors une contrainte stérique qui n'est levée que pour les groupements méthyles ou des chaînes plus volumineuses mais convenablement orientées, ce qui pourrait être le cas du fragment pyrrolidino mais non celui du fragment pipéridino, morpholino ou encore des substituants éthyles ou isopropyles.

➢En revanche, avec le clone chloroquino-résistant W2, ni l'alourdissement de la substitution au niveau de l'azote extracyclique ni le remplacement de l'hétéroatome d'oxygène par un atome de soufre ne semblent réellement avoir une influence sur l'activité. On peut donc en déduire que la différence provient d'une modification moléculaire de la cible. Cette conclusion est d'ailleurs confortée par la comparaison que l'on peut faire (**Tableau 9**) entre les résultats obtenus avec des pyrido[3,2-g]quinoline-4-oxo ou thio dérivés et ceux obtenus avec des 4,6-bis oxo- ou thio-pyrido[3,2-g]quinoline substituées par les mêmes chaînes[118].

Composés	CI$_{50}$ (µM)		Facteur de résistance
	3D7	W2	
6b	16,4	6,5	0,40
6'b	2,8	4,0	1,43
6e	22,1	5,3	0,24
6'e	5,0	5,6	1,12
8b	17,7	4,3	0,24
8'b	3,9	4,0	1,03

Légende : l'exposant prime indique une 2,8,10-triméthyl-pyrido[3,2-g]quinoline-4,6-bis-substituée

Tableau 9 : Activité anti-malarique comparée entre pyridoquinoline mono- et bis-substituées

On constate :

➢ que les pyridoquinolines bis-substituées contrairement aux monosubstituées sont aussi actives sur la souche sensible que sur la souche résistante.

➢ que les composés bis-substitués sont plus actifs que les mono-substitués sur la souche sensible, quel que soit l'hétéroatome.

➢ que les activités des pyridoquinolines bis-substituées sont sensiblement identiques à celles des monosubstituées sur la souche résistante.

Il se confirmerait donc qu'il y ait une modification moléculaire au niveau de la cible, la deuxième chaîne latérale dont le rôle est majeur chez le clone sensible, n'intervenant plus chez le clone résistant.

b. Etude des dérivés 3-(carboéthoxy)-4-(dialkylaminoalkylamino)-10-méthylpyrido[3,2-g]quinoline, 10

Neufs composés substitués en 10 par un groupement méthyle et en 3 par un groupement carboéthoxy ont été sélectionnés. Ces substances sont, en outre, caractérisées par la présence en 4 d'une fonction amine secondaire portant différentes chaînes latérales.

Les résultats obtenus sont présentés dans le **Tableau 10** et schématisés dans la **Figure 40**.

Composés	R	CI$_{50}$ (μM) 3D7	W2	Facteur de résistance
10a	CH$_2$CH$_2$N(CH$_3$)$_2$	13,7	6,6	0,48
10h	CH$_2$CH$_2$CH$_2$N(CH$_3$)$_2$	1,45	1,36	0,94
10b	CH$_2$CH$_2$N(C$_2$H$_5$)$_2$	0,68	1,05	1,54
10i	CH$_2$CH$_2$CH$_2$N(C$_2$H$_5$)$_2$	1,19	1,33	1,12
10c	CH$_2$CH$_2$N(iPr)$_2$	7,55	5,94	0,79
10d	CH$_2$CH$_2$N-pyrrolidine	2,64	3,61	1,37
10e	CH$_2$CH$_2$N-pipéridine	0,89	1,24	1,39
10f	CH$_2$CH$_2$N-morpholine	6,27	4,13	0,66
10j	CH$_2$CH$_2$CH$_2$N-morpholine	7,57	6,42	0,85
Chloroquine	-	0,02	0,9	45

Tableau 10

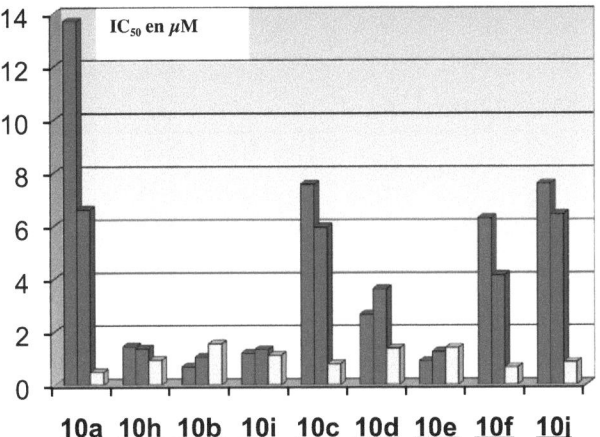

Figure 40 : Activité anti-paludique des dérivés 3-(carboéthoxy)-4-(dialkylaminoalkylamino)-10-méthylpyrido[3,2-g]quinoline (en bleu sur la souche chloroquino-sensible, en rouge sur la souche chloroquino-résistante et en jaune le facteur de résistance).

L'activité sur la souche sensible est comprise entre 0,7 et 14 µM et celle sur la souche résistante est comprise entre 1 et 7 µM.

Ici, l'activité sur la souche résistante est du même ordre que celle sur la souche sensible. Ceci se traduit par un facteur de résistance, compris entre 0,5 et 1,5, faible par rapport à celui observé avec la chloroquine (FR = 45).

Ni la longueur de la chaîne, ni l'encombrement des substituants de l'azote extracyclique terminal ne paraissent déterminants.

On notera simplement que le comportement de ces substances est qualitativement celui des dérivés bis-substitués dont il a été question dans le paragraphe précédent. Toutefois, quantitativement, l'activité est ici meilleure qu'elle ne l'était avec ces dérivés.

A cela, on peut invoquer deux raisons possibles :
➢ la nature de l'hétéroatome sur lequel la chaîne latérale est greffée,
➢ la présence du substituant 3-carboéthoxy.

Au regard des résultats obtenus[119], on ne peut pas statuer précisément sur le rôle de l'hétéroatome (**Tableau 11**).

Composés	CI_{50} (µM) Souche 3D7
10b	0,68
6b	16,4
8b	17,7
10'b	5,12
6'b	2,8
8'b	3,9

Légende : **x** : pyrido[3,2-g]quinoline monosubstituées
x' : pyrido[3,2-g]quinoline bis-substituées

Tableau 11 : Activité anti-malarique comparée entre pyridoquinoline mono- et bis-substituées par le même type de chaîne latérale

On peut noter que chez les composés bis-substitués, l'hétéroatome d'azote ne semble pas être un facteur favorable. Or, chez les composés mono-substitués, les dérivés aminés sont les plus actifs.

Ceci nous amène à préciser le rôle du groupement 3-carboéthoxy. Il peut être discuté à l'aide des résultats obtenus avec différents dérivés bis-aminoalkylés (**Tableau 12**).

Composés	CI$_{50}$ (µM) Souche 3D7
10b	0,68
10'b	5,12
10a	13,7
10'a	10,0
10i	1,19
10'i	25,0
10f	6,27
10'f	28,8
10j	7,57
10'j	32,0

Légende : **x** : pyrido[3,2-g]quinoline monosubstituées
x' : pyrido[3,2-g]quinoline bis-substituées

Tableau 12

Si on considère que la présence de la double chaîne est un facteur positif à l'activité comme il a été vu précédemment avec les dérivés oxo et thio, il aurait été logique que les dérivés aminoalkyles bis-substitués soient plus actifs que les dérivés mono-substitués. Or, on observe la tendance inverse. Toutefois, il faut noter la présence d'un groupement carboéthoxy greffé en 3 sur les dérivés mono-substitués qui est absent chez les dérivés bis-substitués. Il semble par conséquent que l'on arrive à considérer comme prévalant le rôle du groupement 3-carboéthoxy.

Les conséquences de la présence de ce substituant peuvent être multiples :

➢ la formation d'une liaison ionique facilitant une interaction du type ligand/site suite à l'hydrolyse de l'ester en acide même si cela n'a pas été démontré.

➢ la modification de la distribution électronique de l'hétérocycle et la création de densités de charges au niveau de l'hétéroatome entraînant de possibles interactions électrostatiques à ce niveau. Les résultats présentés dans le **Tableau 13** montrent qu'il n'en est rien.

Composés	**6a**	**8a**	**10a**
Hétéroatome	-0,300	-0,083	-0,214
N-1	-0,324	-0,315	-0,317
C-4	0,122	0,043	0,083
C-3	-0,003	-0,018	0,102
C-2	0,006	0,012	0,008
C-13	0,035	0,015	0,033

Tableau 13 : Charges partielles calculés par la méthode de Gasteiger-Hückel pour trois molécules présentant la même chaîne latérale branchée par les différents hétéroatomes (6a, 8a et 10a)

➢ la stabilisation du système moléculaire. La modélisation de 3-carboethoxy-4-diméthylaminoéthyl-10-méthylpyrido[3,2-g]quinoline, **10a**, montre clairement l'existence d'une liaison hydrogène intramoléculaire (**Figure41**).

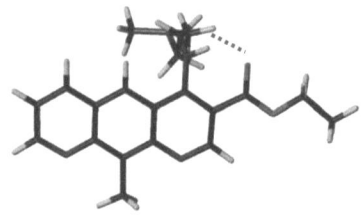

Figure 41 : Représentation de 10a modélisée (en magenta la liaison H)

De fait, la conformation moléculaire des composés aminoalkylaminés est différente de celle des éthers et thioéthers correspondants.

En effet, il ressort de l'étude cristallographique - et ceci a été confirmé par modélisation - que les derniers sont des molécules relativement planes dans lesquelles la chaîne latérale se trouve pratiquement dans le plan défini par le tricycle (**Figure 42**). En revanche, la structure de plus basse énergie décrite par modélisation directe des premiers, aucun cristal n'ayant pu être obtenu, montre une géométrie totalement différente :

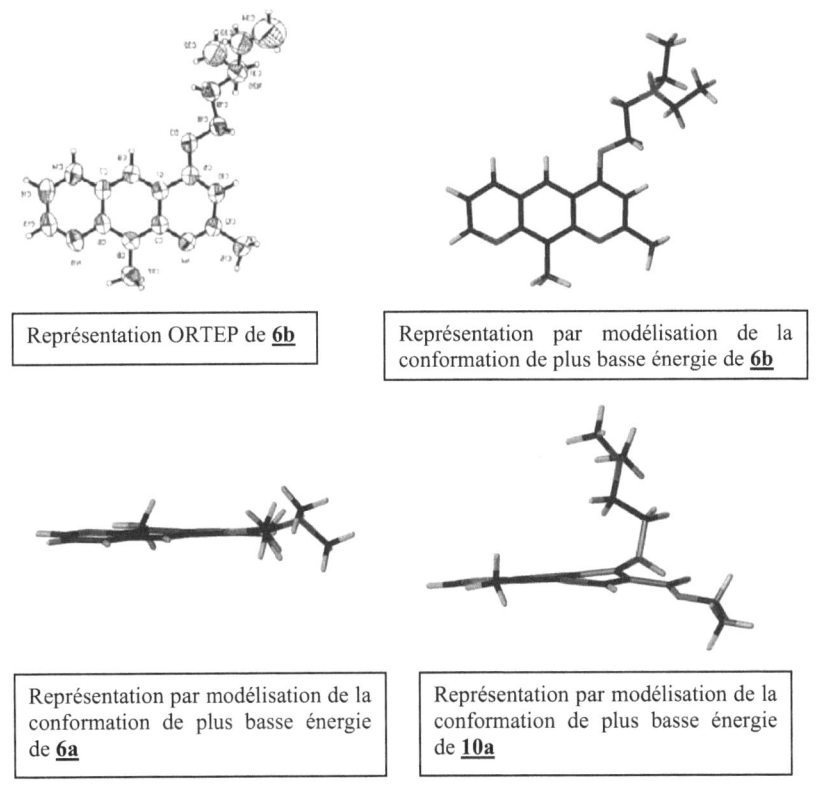

Figure 42

II. Activité de réversion de la résistance à la chloroquine

1. Mode opératoire des tests *in vitro*

On répartit dans chaque puits, 25 µl de chloroquine, 25 µl du composé à tester à des concentrations inférieures à la dose inhibitrice et 150 µl de suspension de globules rouges parasités par la souche W2 de telle sorte l'hématocrite soit de 1,5% et la parasitémie de 0,5%. La croissance du parasite est évaluée par addition dans chaque puit de 1 µCi d'hypoxanthine-H^3 ayant une activité spécifique de 14,1 Ci/mmol (NEN Products, Drieich, Germany). Les plaques sont incubées pendant 48 heures à 37°C dans une atmosphère à 10% d'oxygène, 6% de dioxyde de carbone, 84% d'azote et avec une humidité de 95%. Immédiatement après l'incubation, les plaques sont congelées puis décongelées pour lyser les érythrocytes. Le contenu de chaque plaque est collecté sur des microplaques de filtration standard (Unifilter^{TM} GF/B, Packard Instrument Company, Meriden, CT, USA) et lavé dans un collecteur de cellules (FilterMate^{TM} Cell Harvester, Packard). Les microplaques de filtration sont séchées et 25 µl d'agent scintillant (Microsant O, Packard) sont ajotés dans chaque puits. La radioactivité incorporée par les parasites est mesurée par un compteur à scintillation (Top Count^{TM}, Packard).

La CI_{50} est enfin évaluée comme précédemment dans le test de mesure des activités anti-malariques.

2. Résultats et discussion

Les propriétés de réversion de la résistance cellulaire aux cytotoxiques ont été mises en évidence pour la première fois avec le vérapamil chez les cellules cancéreuses[119]. C'est la raison pour laquelle cet inhibiteur des canaux calciques a aussi été le premier à être testé sur *Plasmodium falciparum*. Nous l'avons donc choisi comme référence ainsi qu'une phénothiazine, la prométhazine. Leurs activités de réversion sont respectivement de 0,8 µM et 0,4 µM pour le vérapamil (CI_{50} généralement comprise entre 0,5 µM et 1 µM pour un pourcentage de réversion compris entre 40% et 85%)[120] et de 0,4 µM pour la prométhazine qui à la dose de 1µM abaisse généralement la CI_{50} de la chloroquine de 90%.[121]

On considère que l'activité du vérapamil est la valeur au-delà de laquelle l'activité de réversion n'a plus d'intérêt. La prométhazine joue le rôle de référence intermédiaire.

a. Etude des dérivés de la 2,10-diméthylpyrido[3,2-g]quinoline-4-one et 4-thione, 6 et 8

Les résultats obtenus sont présentés dans le **Tableau 14**.

Composés	Hétéro-atome	Chaîne latérale	Activité anti-malarique (μM)	Activité en réversion (μM)	% de réversion à 1μM
6a	O	CH$_2$CH$_2$N(CH$_3$)$_2$	6,6	7,4	0
8a	S	CH$_2$CH$_2$N(CH$_3$)$_2$	12,2	2,9	27
6b	O	CH$_2$CH$_2$N(C$_2$H$_5$)$_2$	6,5	4,0	19
8b	S	CH$_2$CH$_2$N(C$_2$H$_5$)$_2$	54,4	>25	0
6c	O	CH$_2$CH$_2$N(iPr)$_2$	4,3	2,5	17
6d	O	CH$_2$CH$_2$N-pyrrolidine	4,7	2,8	22
8d	S	CH$_2$CH$_2$N-pyrrolidine	8,7	1,3	43
6e	O	CH$_2$CH$_2$N-pipéridine	5,3	2,8	21
8e	S	CH$_2$CH$_2$N-pipéridine	4,3	1,3	43
6f	O	CH$_2$CH$_2$N-morpholine	23	>25	0
8f	S	CH$_2$CH$_2$N-morpholine	20,7	10,0	25
6g	O	CH$_2$-phényle	92,5	>25	0
6h	O	CH$_2$CH$_2$CH$_2$N(CH$_3$)$_2$	2,9	0,92	56
VP	-	-	13,4	0,80	57
Pr.	-	-	20	0,40	67

Tableau 14

Aucun dérivé n'a d'activité supérieure ou égale à celle du vérapamil. L'activité de réversion des éthers et thioéthers se situe entre 0,92 µM et 100 µM.

Trois composés (**6f**, **6g**, **8b**) n'ont aucune activité de réversion ; leur CI_{50} est supérieure à 25 µM. De plus, lorsqu'on trace les courbes CI_{50} (CQ) = f([Composé testé]), appelée aussi isobologramme (Annexes p.146), elles indiquent que ces composés sont des antagonistes de la chloroquine dont ils diminuent l'activité.

Sept composés ont une activité médiocre, avec une CI_{50} est comprise entre 2 µM et 10 µM.

Trois composés prossèdent une faible activité (**8e**, **8d**, **6h**) avec une CI_{50} comprise entre 0,92 µM et 1,3 µM.

Parmi ces trois composés, seul **6h** présente une activité proche de celle du vérapamil (CI_{50} = 0,92 µM contre CI_{50} = 0,80 µM). De plus, à la concentration de 1µM, **6h** et le vérapamil montrent la même capacité de réversion (56% contre 57%). Cependant, dans et l'autre cas, l'activité anti-malarique n'est pas négligeable avec une CI_{50} pour **6h** qui est de 2,9 µM contre 13,4 µM pour le vérapamil. De ce fait, l'activité de **6h** serait plutôt du type synergique que réversante, le composé potentialisant l'activité de la chloroquine y compris d'ailleurs sur la souche sensible.

La faible réponse biologique permet cependant d'esquisser quelques études RSA. Si on excepte le couple **6b**/**8b**, les dérivés thio semblent plus efficaces que les dérivés oxo.

En outre, comme déjà constaté dans l'étude de l'activité anti-parasitaire, une chaîne latérale porteuse d'un simple cycle aromatique (**6g**) ou d'un groupement morpholine (**6f**, **8f**) diminue considérablement la réponse.

En revanche, il n'est pas possible de discuter ici le rôle de la longueur de la chaîne ou encore celui des substituants portés par l'azote extracyclique. On dira simplement que la géométrie moléculaire devrait favoriser l'ancrage avec une longueur de chaîne optimale (**6h** est le meilleur des éthers) et un volume moléculaire autour de l'azote extracyclique particulier (les substituants méthyles de **6h** ou la substitution figée de type pyrrolidine de **6d** et **8d** seraient convenables).

Un azote extracyclique paraît nécessaire à l'activité. De plus, le site d'action ne présenterait pas de poche hydrophobe autre que celle où peut s'inscrire le tricycle aromatique.

b. Etude des dérivés 3-carboéthoxy-4-(dialkylaminoalkylamino)10-méthylpyrido[3,2-g]quinoline, 10

A regarder, les résultats présentés dans le **Tableau 15**, il apparaît que les dérivés 3-carboéthoxy substitués sont plus intéressants que les précédents.

Composés		Chaîne latérale	Activité anti-malarique (µM)	Activité en réversion (µM)	% de réversion à 1µM
	10h	$CH_2CH_2CH_2N(CH_3)_2$	1,4	0,29	89
	10b	$CH_2CH_2N(C_2H_5)_2$	1,1	0,34	93
	10i	$CH_2CH_2CH_2N(C_2H_5)_2$	1,3	0,36	95
	10d	CH_2CH_2N⟨pyrrolidine⟩	3,6	0,85	63
	10e	CH_2CH_2N⟨piperidine⟩	1,2	0,51	15
	10f	CH_2CH_2N⟨morpholine⟩	4,1	2,1	0
	10j	$CH_2CH_2CH_2N$⟨morpholine⟩	6,4	2,5	23
	10c	$CH_2CH_2N(iPr)_2$	5,9	1,4	37

	VP	-	13,4	0,80	57
	Pr.	-	20	0,40	67

Tableau 15

Si on considère, les activités à la dose appliquée de 1µM, on note que :

➤parmi les six molécules les plus actives à la concentration de 1 µM, le composé **10e** ne réverse la résistance qu'à hauteur de 15%. Ce résultat est bien en deçà de celui du vérapamil.

➤**10d** a une activité (63%) comparable à celle du vérapamil (57%).

➤**10h, 10b,** et **10i**, sont significativement meilleurs que les deux références en réversant la résistance à 90% ou plus.

Ainsi, **10a, 10c, 10f,** et **10j** ont une activité inférieure à celle du vérapamil, **10d** une activité équivalente, **10e** une activité intermédiaire entre celle du vérapamil et de la prométhazine, et surtout, **10h, 10b,** et **10i** montrent une activité supérieure à celle de la prométhazine.

Cependant, l'activité anti-malarique propre de ces molécules n'est pas négligeable. De ce fait, leur activité serait plutôt synergique que réversante ; ces composés potentialisent l'activité de la chloroquine y compris sur la souche sensible.

D'un point de vue structural, ceci se résume par la séquence :

DEAP ≈ DEAE ≈ DMAP > Piperidino Ethyl > Pr > Pyrrolidino Ethyl ≈ DMAE ≈ VP > DiPrAE > Morpholino Propyl > Morpholino Ethyl

Il semble difficile d'attribuer un rôle particulier à la longueur de la chaîne latérale. En revanche, l'encombrement autour de l'azote extracyclique terminal semble défavoriser l'activité. Quant à l'azote extracyclique proximal, il paraît jouer un rôle primordial si on compare les résultats donnés dans les **Tableaux 14** et **15**. Toutefois, on ne peut pas exclure le fait que la présence sur le cycle d'un groupement carboéthoxy puisse expliquer aussi la meilleure activité des dérivés aminés. La cause pourrait être une de celles évoqués dans la discussion de l'activité anti-malarique.

En résumé, au terme de notre étude, il semble acquis que trois pharmacophores extracycliques doivent être impliqués dans les activités anti-parasitaires des pyridoquinolines. Ils sont schématisés sur la **Figure 43**.

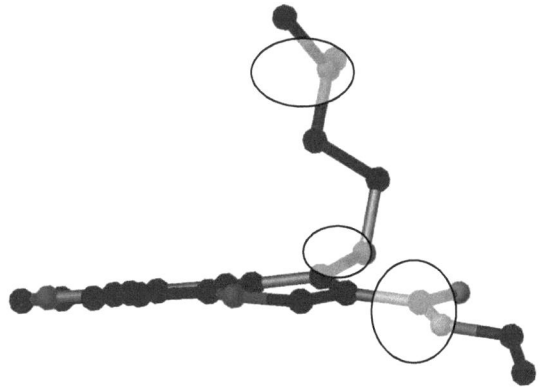

Figure 43 : Localisation schématique des pharmacophores extracycliques

Activité de réversion de la MDR en cancérologie

Cette partie de notre travail a été réalisée en collaboration avec le Département de Microbiologie de l'Université de Szeged (Hongrie).

I. Matériels et méthodes

Les 4-alkylaminoalkoxy (ou thioalkoxy)-2,10-diméthylpyrido[3,2-g]quinolines et les 3-carboéthoxy-4-(dialkylaminoalkylamino)-10-méthylpyrido[3,2-g]quinolines ont été testées sur des cellules tumorales résistantes L5178. Il s'agit de cellules du Lymphome T de souris infectées par le rétro-virus PHaMDR1/A comme décrit par Pastan[122]. La lignée cellulaire MDR1 a été sélectionnée en cultivant les cellules infectées dans un milieu contenant 60 ng/mL de colchicine pour maintenir l'expression du phénotype MDR[123].

Les cellules parentales L5178 et les cellules transformées L5178/MDR ont été cultivées dans le milieu McCoys A enrichi avec 10 % de sérum de cheval inactivé contenant de la glutamine, des antibiotiques (pénicilline, streptomycine) et de la colchicine dans le cas des cellules MDR.

Ensuite, les cellules ont été mises en suspension dans le milieu de culture (2.10^6 cell/mL), puis 0,5 mL de cette suspension ont été introduits dans des tubes à centrifuger Eppendorf. On a ajouté alors 2 µL de solution des composés à différentes concentrations, préparées à partir d'une solution-mère à 2 mg/mL. Les plaques ont été incubées pendant 10 min à température ambiante. On a ajouté aux échantillons une solution de Rhodamine 123 pour obtenir une concentration finale de 5,2 µM. Le tout a été incubé à 37°C pendant 20 min. Les cellules ont été lavées 3 fois avec du tampon phosphate (PBS) et mises en suspension dans ce même tampon pour les analyses. Dans les mêmes conditions opératoires, des tests de contrôles ont été effectués sur les cellules parentales et les cellules MDR non traitées. Ils ont permis de valider les mesures.

Le vérapamil a été utilisé comme contrôle positif[124] pour le test à la Rhodamine 123.

La fluorescence des cellules a été mesurée à l'aide d'un cytomètre de flux Beckton Dickinson FACScan Instrument. L'intensité de fluorescence a été comparée à celles des cellules non traitées[125]. Au terme, le pourcentage de réversion (R) a été calculé par la relation :

$$R = \frac{\text{Fluo. Cell. MDR traitées - Fluo. Cell. MDR contrôle}}{\text{Fluo. Cell. Parents traitées - Fluo. Cell. MDR contrôle}} \times 100$$

II. Résultats

Nous nous sommes limités, dans un premier temps, à l'étude des effets liés à la nature de la chaîne latérale, à celle de l'hétéroatome et aux substituants du motif hétérocyclique chez nos composés. Dans un deuxième temps, nous avons comparé l'activité de nos composés à celle de pyridoquinolines bis-substitués afin de discuter la nécessité d'une deuxième chaîne latérale et le rôle de l'encombrement stérique dans l'activité de réversion.

1. Etude des pyridoquinolines monosubstituées 6, 8 et 10

Pour comparer les 22 molécules testées, nous avons choisi la concentration de 4 µg/mL pour être en deçà des doses cytotoxiques (sauf on le verra pour **6h** et **10e**). Les résultats sont présentés dans le **Tableau 16**.

Composés		X	Chaîne latérale	R (%)
(structure with X-R, two N, two Me)	6a	O	$CH_2CH_2N(CH_3)_2$	1,4
	8a	S		41
	6b	O	$CH_2CH_2N(C_2H_5)_2$	1,7
	8b	S		11
	6c	O	$CH_2CH_2N(iPr)_2$	2,0
	6d	O	CH_2CH_2N-pyrrolidine	1,5
	8d	S		88
	6e	O	CH_2CH_2N-piperidine	3,0
	8e	S		79
	6f	O	CH_2CH_2N-morpholine	29
	8f	S		24
	6g	O	CH_2-phenyl	24
	6h	O	$CH_2CH_2CH_2N(CH_3)_2$	104
(structure with HN-R, COOEt, two N, Me)	10a	NH	$CH_2CH_2N(CH_3)_2$	46
	10h	NH	$CH_2CH_2CH_2N(CH_3)_2$	20
	10b	NH	$CH_2CH_2N(C_2H_5)_2$	65
	10i	NH	$CH_2CH_2CH_2N(C_2H_5)_2$	89
	10c	NH	$CH_2CH_2N(iPr)_2$	75
	10d	NH	CH_2CH_2N-pyrrolidine	50
	10e	NH	CH_2CH_2N-piperidine	110
	10f	NH	CH_2CH_2N-morpholine	66
	10j	NH	$CH_2CH_2CH_2N$-morpholine	39
(verapamil structure)	VP	-	-	3

<u>**Tableau 16 : Activité de réversion (R%) des pyridoquinolines monosubstituées à la dose de 4 µg/mL**</u>

De manière générale, nos composés présentent une activité supérieure à celle de la référence, le vérapamil comme cela ressort nettement de la **Figure 44**.

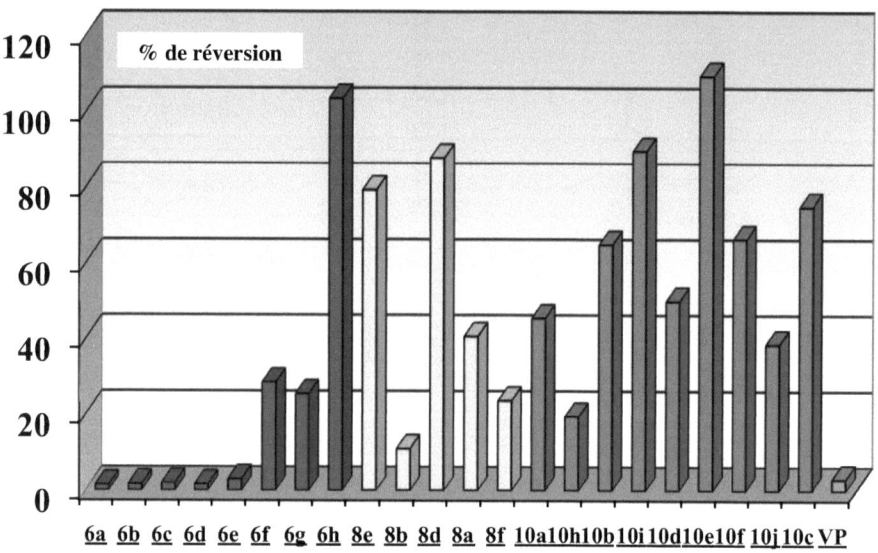

<u>**Figure 44 : Activité des pyridoquinolines en reversion de la MDR (en rouge les éthers, en jaune les thioéthers, en vert les aminoalkyls et en bleu le vérapamil)**</u>

Globalement, ce qui n'exclut pas quelques cas particuliers, les dérivés aminoalkyls sont plus actifs que les thioéthers, eux-mêmes plus actifs que les éthers.

Un cas particulier, chez les éthers, pourraient être celui de **6h** qui donne une réponse apparemment remarquable. En fait, il est probable qu'il s'agisse ici d'un artefact lié à la toxicité cellulaire du composé administré à cette dose.

Les thioéthers montrent une activité de réversion le plus souvent supérieure à celle de leurs homologues alkoxy. Il semble donc que l'hétéroatome joue un rôle clé dans l'activité. L'atome de soufre, comme cela a déjà été constaté[126] semble meilleur que l'oxygène pour l'activité examinée. Cela peut s'expliquer de différentes manières qu'il conviendra d'étudier plus avant dans le futur. La raison peut, en effet, être dans les orbitales externes dont les doublets, moins sujets à l'attraction nucléaire, sont plus mobiles que dans le cas de l'oxygène. Elle peut être aussi dans l'existence d'un métabolisme particulier permettant une meilleure bio-disponibilité des composés soufrés ou encore dans la présence d'un site d'interaction privilégié pour ces composés.

Si on excepte **10e** pour des raisons de cytotoxicité, les dérivés aminés paraissent plus actifs que les thioéthers. Ceci confirme la fonction particulière de l'hétéroatome extracyclique. Toutefois, à nouveau, on doit s'interroger sur le rôle du substituant 3-carboéthoxy dans l'activité.

2. Etude comparée des pyridoquinolines mono- et bis-substituées

Les résultats pour les composés sélectionnés sont présentés dans le **Tableau 17**.

Composé	X	Chaîne latérale	R (%)	
			mono	bis
6a		DMAE	1,4	
6'a				35
6b		DEAE	1,7	
6'b				3,5
6c		DiPrAE	2,0	
6'c				3,5
6d	O	Pyrro.E	1,5	
6'd				21
6e		Piper.E	3,0	
6'e				28
6f		Morph.E	29	
6'f				8
6h		DMAP	104*	
6'h				50

8a	S	DMAE	41	
8'a				79
8b		DEAE	11	
8'b				66
8d		Pyrro.E	88	
8'd				>100*
8e		Piper.E	79	
8'e				96
8f		Morph.E	24	
8'f				>100*
10a	NH	DMAE	45	
10'a				<1
10b		DEAE	65	
10'b				<1
10h		DMAP	20	
10'h				<1
10c		DiPrAE	75	
10'c				7
10d		Pyrro. E	50	
10''d				20
10e		Piper. E	110*	
10''e				69
10f		Morph.E	66	
10'f				<1
10i		Morph.P	40	
10'i				<1

Légende : DMAE :Diéthylaminoéthyl ; DMAP : Diéthylaminopropyl ; DEAE : Diéthylaminoéthyl, DiPrAE : Diisopropylaminoéthyl ; Pyrro.E : Pyrrolidinoéthyl, Piper.E : Pipéridinoéthyl ; Morph.E. : Morpholinoéthyl ; Morph.P : Morpholinopropyl
x : 2-méthyl-pyrido[3,2-g]quinoline 4-substituée
x' : 2,8,10-triméthyl-pyrido[3,2-g]quinoline 4,6-bis-substituée
x'' : 10-méthyl-pyrido[3,2-g]quinoline 4,6-bis-substituée
* composés cytotoxiques

<u>**Tableau 17 : Activité comparée des pyridoquinolines mono-substituées 6, 8 et 10 et de leurs homologues bis-substitués**</u>

De la comparaison des résultats, il ressort en particulier que si les thioéthers sont toujours meilleurs que les éthers, les 4,6-bis-aminoalkyles sont, eux, nettement moins actifs que les 4-aminoalkyles.

A cela, il peut y avoir deux causes essentielles :

➢ la présence du groupement carboéthoxy en 3,
➢ une géométrie moléculaire plus favorable dans un cas que dans l'autre.

La réponse au rôle éventuel du groupement carboéthoxy ne sera donné que par des recherches complémentaires traitant de la substitution de l'hétérocycle

En revanche, il est possible de discuter, dès maintenant, de la géométrie moléculaire. On a déjà noté dans le chapitre consacré à l'activité anti-malarique de nos composés que la meilleure activité des dérivés 3-carboéthoxy-4-(dialkylaminoalkylamino)-mono-substitués s'accompagnait d'un changement conformationnel (**Figure 41**). Il est intéressant de souligner ici que la radiocristallographie des composés 4,6-substitués montre que si une chaîne s'étale dans le plan du noyau de la molécule (**Figure 45**) comme c'est, par ailleurs, le cas des composés 4-O- ou 4-S-mono-substitués, la deuxième chaîne est orientée dans l'espace d'une manière comparable à ce que l'on observe avec les composés **10**.

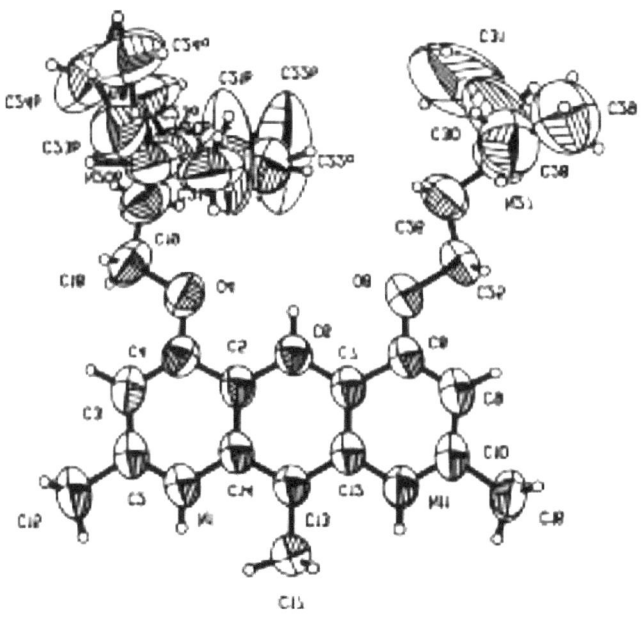

Représentation ORTEP de **6b**

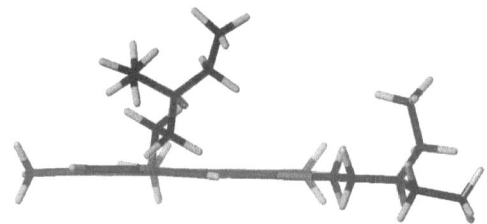

Représentation par modélisation de la conformation de plus basse énergie de **6'b**

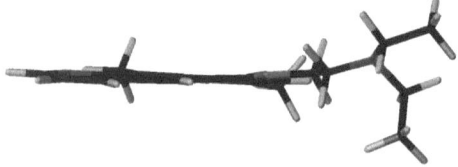

Représentation par modélisation de la conformation de plus basse énergie de **6b**

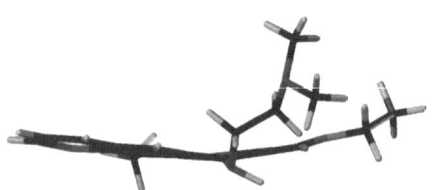

Représentation par modélisation de la conformation de plus basse énergie de **10a**

Figure 45

Il s'ensuit que la position dans l'espace de l'azote extracyclique terminal protonable par rapport à l'hétérocycle support pourrait être une contrainte nécessaire à l'activité, ce qui n'empêcherait peut-être pas aussi le groupement carboéthoxy de jouer un rôle par lui même dans l'interaction avec le site actif.

Le travail a été réalisé avec le logiciel Sybyl (Tripos) et a porté sur :
- deux substrats de la Pgp, la Rhodamine 123 et la Vinblastine, et un inhibiteur des canaux calciques, Vérapamil (**Figures 46**),
- les composés synthétisés **6a**, **6h**, **10a**, **10h** (**Figure 47**).

La numérotation des groupement est celle utilisée dans les travaux de Pajeva et Wiese[127] pour la vinblastine, la rhodamine et le vérapamil ; elle a été transposée à nos molécules.

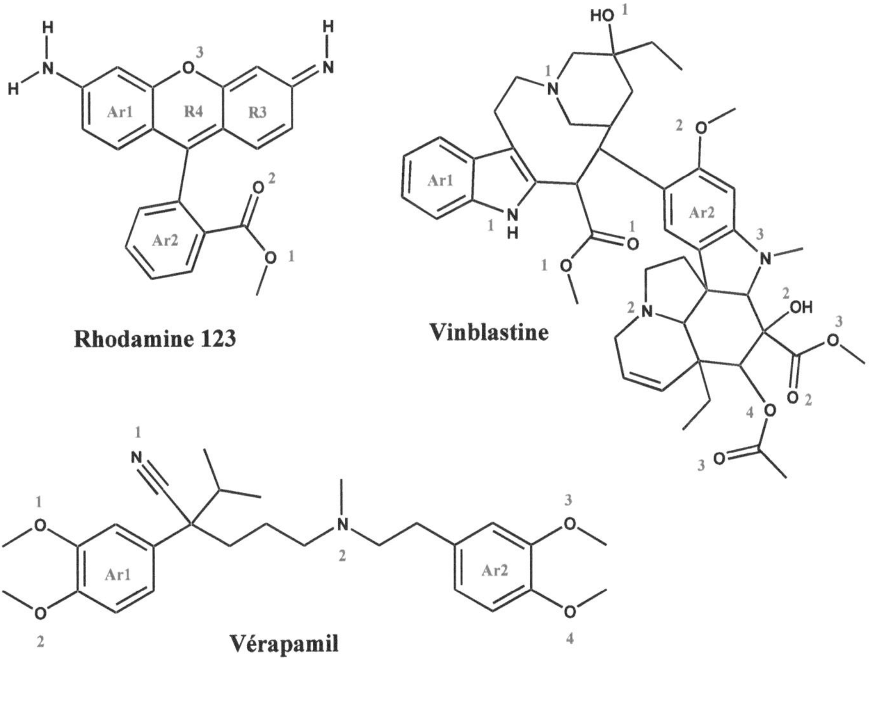

Rhodamine 123

Vinblastine

Vérapamil

Figure 46

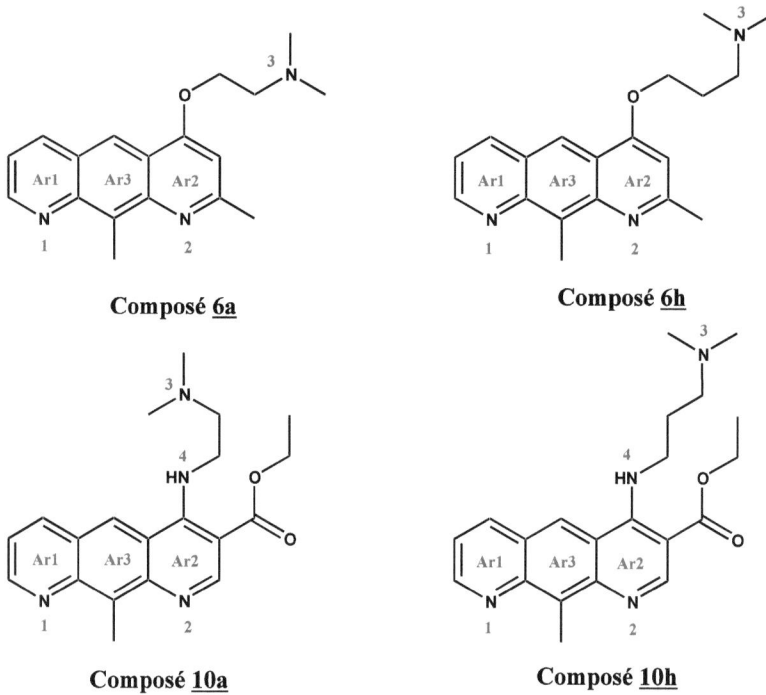

Figure 47

Dans le **Tableau 18**, sont présentés les points pharmacophoriques décrits par l'alignement optimal des trois molécules de référence. Il ne s'agit pas du seul alignement possible mais du meilleur alignement observé pour les trois molécules prises ensemble. Il existerait de nombreux autres alignement si on prenait les molécules de références deux à deux.

Molécules	Nombre de points pharmacophoriques occupés	Points hydrophobes		Accepteurs de liaisons H			Donneur de liaisons H
		Hy1	Hy2	A_H1	A_H2	A_H3	D_A
Vinblastine	6	Ar1	Ar2	=O(1)	*OH(1)*	N(3)	*OH(1)*
Rhodamine 123	6	Ar3	R3	=O	*NH_2*	NH	*NH_2*
Vérapamil	4	Ar1	Ar2	N(1)		O(4)	

NB : lorsque les groupements sont en italiques cela signifie que ce groupement peut-être à la fois donneur et accepteur de liaisons H.

Tableau 18

L'image résultante est donnée dans la **Figure 48**.

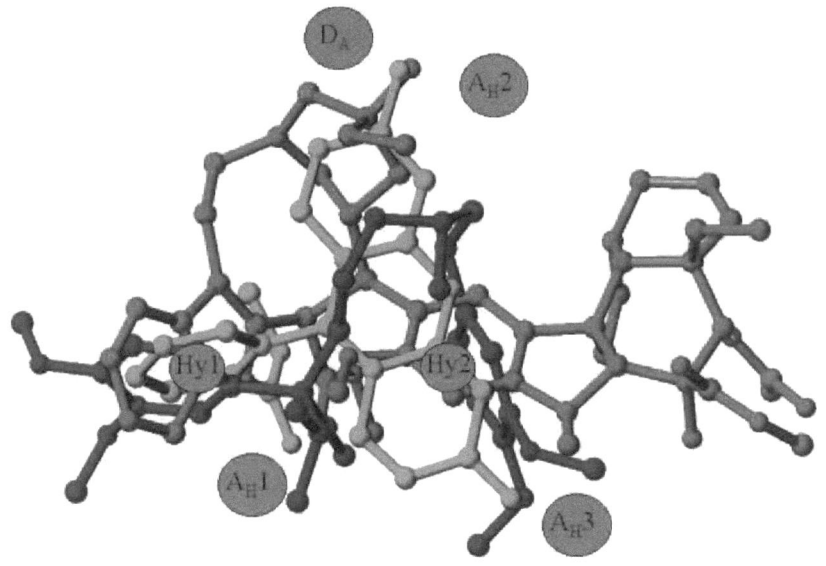

Figure 48 : Représentation schématique des points pharmacophoriques (magenta) obtenus par l'alignement optimal de la Vinblastine (rouge), de la Rhodamine 123 (vert) et du Vérapamil (bleu)

Nous avons effectué la superposition de nos molécules (**6a**, **6h**, **10a**, **10h**) avec les trois molécules de références. Pour nos composés, nous avons utilisées des conformations stables issues de l'analyse conformationnelle systématique. Les pivots pris en compte sont les liaisons C4-O ou C4-NH, O-C1' ou NH-C1', C1'-C2', C2'-C3', C2'-N3' ou C3'-N4'des pyridoquinolines étudiées avec un pas de 30°. Cette superposition permet de positionner dans l'espace les pharmacophores communs. Ils sont classés comme sites hydrophobes, donneurs et/ou accepteurs de liaisons hydrogènes.

Les composés retenus peuvent dans certaines conditions conformationnelles s'adapter au modèle. On peut alors dresser la liste des coïncidences (**Tableau 19**).

Molécules	Nombre de points pharmacophoriques occupés	Points hydrophobes		Accepteurs de liaisons H			Donneur de liaisons H
		Hy1	Hy2	A_H1	A_H2	A_H3	D_A
Vinblastine	6	Ar1	Ar2	=O(1)	*OH(1)*	N(3)	*OH(1)*
Rhodamine 123	6	Ar3	R3	=O	*NH_2*	NH	*NH_2*
Vérapamil	4	Ar1	Ar2	N(1)		O(4)	
6a	3	Ar3		O		N	
6h	3	Ar3		O		N	
10a	4	Ar1		NH	=O / O	N	
10h	4	Ar1		NH	=O / O	N	

NB : lorsque les groupements sont en italiques cela signifie que ce groupement peut-être à la fois donneur et accepteur de liaisons H.

Tableau 19

A l'évidence, nous pouvons concevoir que plus le nombre de points pharmacophoriques concernés est grand plus l'activité du composé étudié devrait être importante. De fait, on note que **6a** et **6h** ne portent que 3 points pharmacophoriques, alors que **10a** et **10h** en portent 4. Il semblerait donc que **10a** et **10h** puissent avoir plus d'affinité pour la cible biologique que **6a** et **6h**. Ce résultat semble confirmer le rôle jouer par le groupement carboéthoxy dans l'interaction des dérivés aminoalkyls avec la cible, confirmant ainsi la tendance globale que ces derniers sont plus actifs que les thioéthers et les éthers.

$$O\text{-}R < S\text{-}R < NH\text{-}R$$

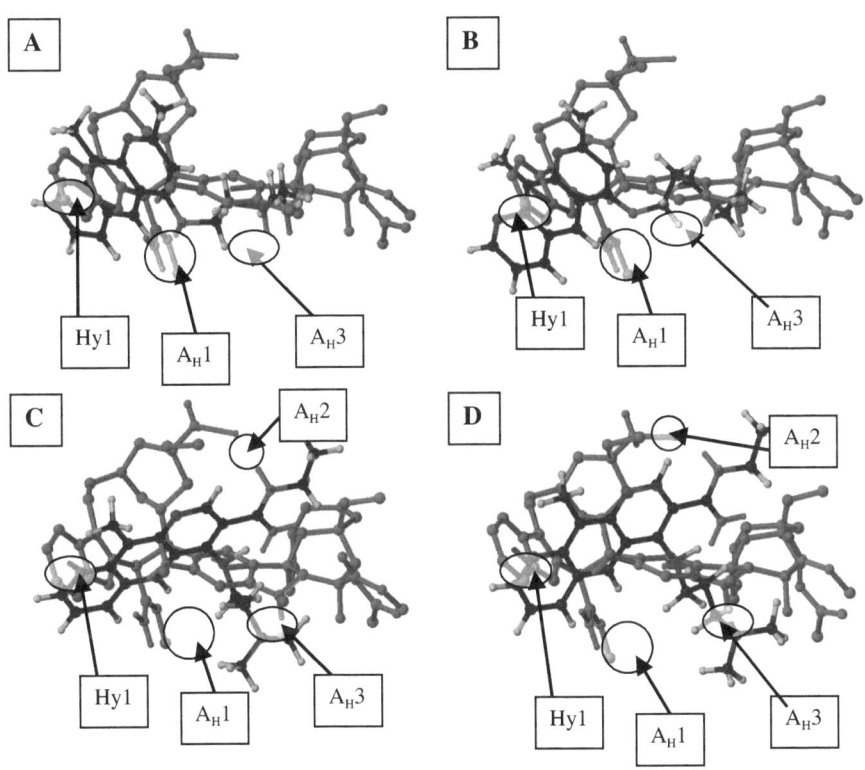

Figure 49 : Superpositions de 6a (A), 6h (B), 10a (C), 10h (D) avec la Vinblastine (en rouge) : visualisation des pharmacophores communs

Conclusions et Perspectives

Nous avons préparé de nouveaux dérivés de la pyrido[3,2-g]quinoline-4-one diversement substitués sur le tricycle plan en position -2, -3, -10 et portant différentes chaînes en position 4. Ces composés ont été obtenus par une synthèse multi-étapes simple. La première étape est une réaction de Skraup permettant l'obtention du motif quinoline dépourvu de substitution. La deuxième étape est une addition-1,4 de Michael permettant l'obtention d'une imine intermédiaire, suivie par une cyclisation thermique. On a ainsi préparé la 2,10-diméthyl-pyrido[3,2-g]quinoline-4-one qui est l'intermédiaire-clé à l'obtention de dérivés alkylés. On a obtenu les dérivés éthers directement en utilisant la catalyse par transfert de phase. Les thio-éthers ont été préparés à partir de la 2,10-diméthyl-pyrido[3,2-g]quinoline-4-thione, elle-même obtenue par thiation de la 2,10-diméthyl-pyrido[3,2-g]quinoline-4-one à l'aide du réactif de Lawesson. Quant aux dérivés amino-alkyl, ils ont été synthétisés à partir de la 3-carboéthoxy-4-chloro-10-méthyl-pyrido[3,2-g]quinoline correspondante, préparée par chloration de la 3-carboéthoxy-10-méthyl-pyrido[3,2-g]quinoline-4-one à l'aide de l'oxychlorure de phosphore.

L'ensemble de nos composés a été testé pour établir les éventuelles activités biologiques de réversion de la résistance chez les plasmodies et chez les cellules cancéreuses.

En réversion de la chloroquino-résistance, plusieurs composés (**10d**, **10e**, **10h**, **10b**, et **10i**) ont montré une activité plus intéressante que les produits de référence, le vérapamil et la prométhazine.

En nous appuyant sur ces résultats, nous avons pu esquisser quelques relations structure-activité qui devraient permettre l'optimisation de la série chimique considérée.

En particulier, la substitution du tricycle plan en position 3 par un groupement carboéthoxy accepteur de liaison hydrogène s'est révélée être un facteur favorable.

En réversion de la MDR sur les cellules cancéreuses, de manière générale nos molécules présentent une activité supérieure à celle du vérapamil. Cinq composés (**6h**, **8e**, **8d**, **10e,** et **10i**) ont montré une activité significative comprise entre 80 % et 100% de réversion.

Devant l'intérêt des résultats préliminaires, on envisage :
- de compléter le criblage afin d'étudier l'effet des substituants du noyau sur l'activité biologique,
- de compléter la série de composés en augmentant la longueur de la chaîne latérale et en y multipliant les groupements accepteurs de liaison hydrogène,
- de synthétiser et tester des molécules issues d'une étude QSAR.

Schémas réactionnels généraux

Schéma réactionnel 1

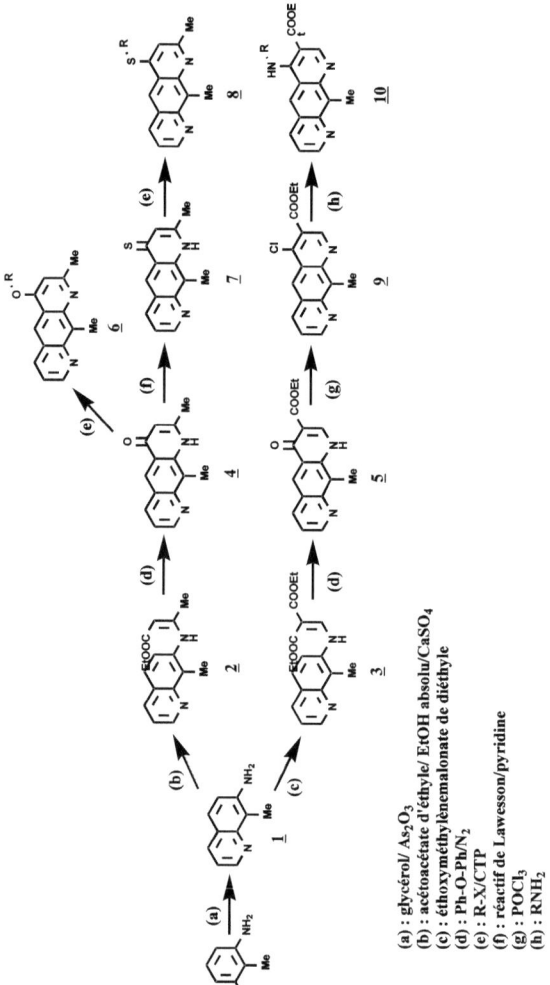

(a) : glycérol/ As$_2$O$_3$
(b) : acétoacétate d'éthyle/ EtOH absolu/CaSO$_4$
(c) : éthoxyméthylènemalonate de diéthyle
(d) : Ph–O–Ph/N$_2$
(e) : R–X/CTP
(f) : réactif de Lawesson/pyridine
(g) : POCl$_3$
(h) : RNH$_2$

Schéma réactionnel 2

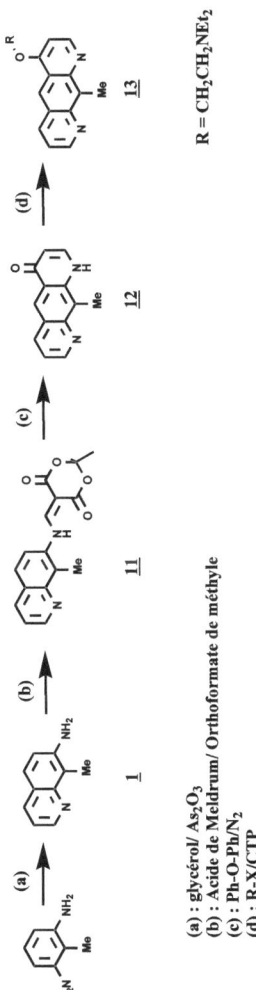

(a) : glycérol/ As₂O₃
(b) : Acide de Meldrum/ Orthoformate de méthyle
(c) : Ph-O-Ph/N₂
(d) : R-X/CTP

R = CH₂CH₂NEt₂

Molécules synthétisées et leurs substituants

Structure **6**: phenanthroline with O–R at position 4, Me at position 2, Me at position 10	Structure **8**: phenanthroline with S–R at position 4, Me at position 2, Me at position 10	Structure **10**: phenanthroline with HN–R, COOEt at position 3, Me at position 10
CH$_2$CH$_2$N(CH$_3$)$_2$, **a**	CH$_2$CH$_2$N(Et)$_2$, **b**	CH$_2$CH$_2$N(iPr)$_2$, **c**
CH$_2$CH$_2$N-pyrrolidine , **d**	CH$_2$CH$_2$N-piperidine , **e**	CH$_2$CH$_2$N-morpholine , **f**
CH$_2$–Ph , **g**	CH$_2$CH$_2$CH$_2$N(CH$_3$)$_2$, **h**	CH$_2$CH$_2$CH$_2$N(Et)$_2$, **i**
CH$_2$CH$_2$CH$_2$N-morpholine , **j**		

Annexes

I. Données cristallographiques

Données du cristal	**6b**	**6h**	**6b'**
Formule brute	$C_{20}H_{25}N_3O$	$C_{19}H_{23}N_3O$	$C_{27}H_{42}N_4O_2$
Poids moléculaire	323.4	309.4	454.7
Système cristallin	monoclinique	monoclinique	triclinique
Groupe	C2/c	P2(1)/c	P-1
a (Å)	24.220	9.329	9.213
b (Å)	8.318	22.153	9.903
c (Å)	18.537	8.997	15.118
α (°)	-	-	82.61
β (°)	105.40	112.81	88.56
γ (°)	-	-	83.39
V (Å^3)	3600.4	1714.0	1358.7
Z	8	4	2
D_X (Mg m^{-3})	1.193	1.199	1.111
Longueur d'onde (Å)	Mo	Mo	Mo 0.71070
μ (mm^{-1})	0.1	0.068	0.1
Température (K)		293	
F(000)	1392	-	496
Réflexions enregistrées/indépendante/ R(int)	9681/ 2331/ 0.167	4146	3750 3479 0.032
Méthodes d'affinement		Moindre carrés en matrices complète sur F2	
Données/contraint	2331/ 219	-	3479 /0 / 345

es/paramètres			
Qualité d'enregistrement sur F^2	1.13	1.14	1.67
Indices R Finaux [I>2σ(I)]	R_1 = 0.091 wR_2= 0.292	R_1 = 0.068 wR_2= 0.296	R_1 = 0.087 wR_2= 0.344
Pic le plus large diff. (e Å^{-3})	-0.24 et 0.45	-	-0.26 et 0.32

II. Antipaludiques

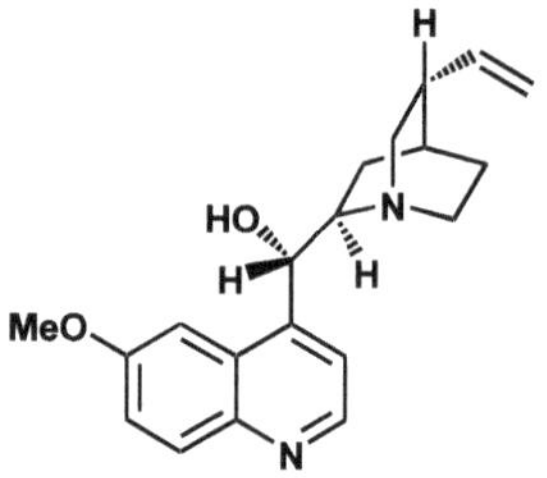

QUININE

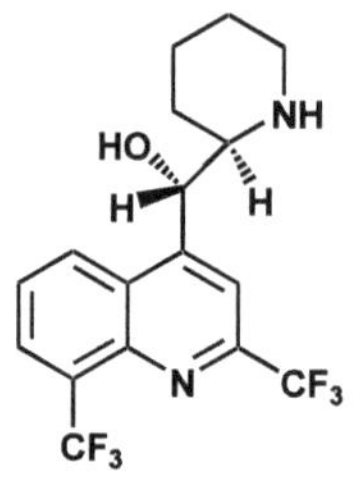

MEFLOQUINE

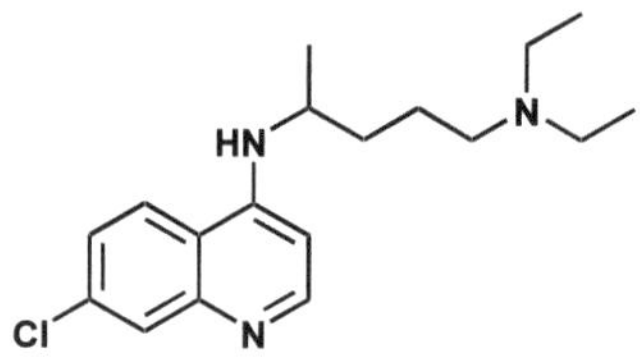

CHLOROQUINE

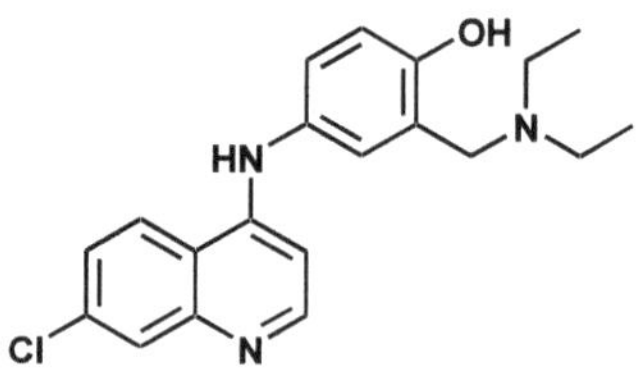

AMODIAQUINE

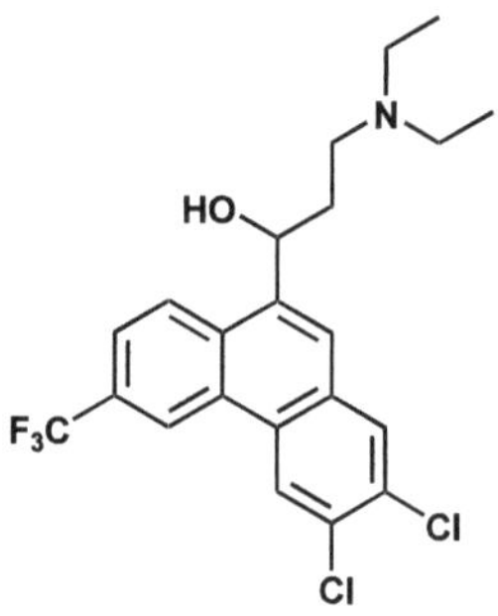

HALOFANTRINE

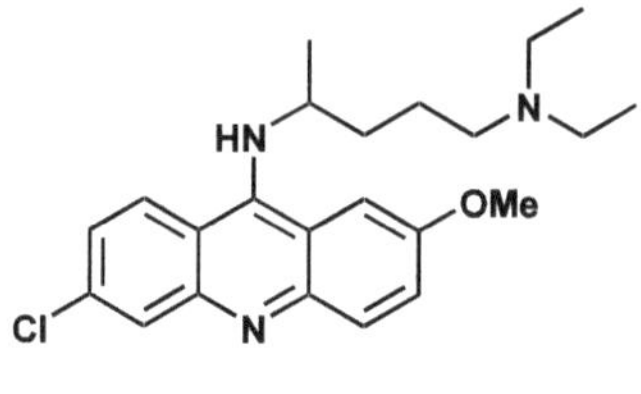

MEPACRINE

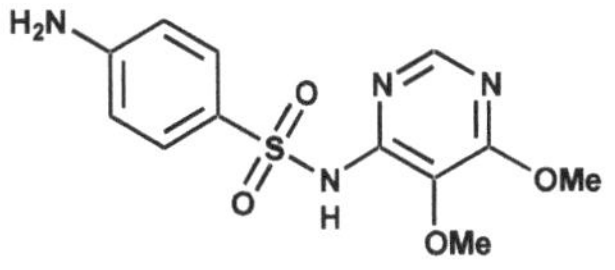

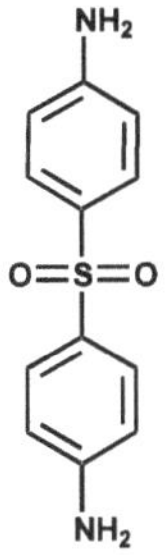

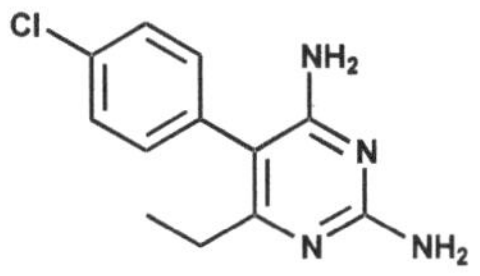

SULFADOXINE

DAPSONE

PYRIMETHAMINE

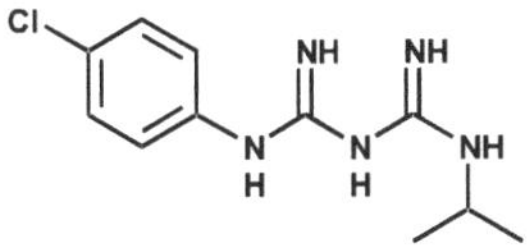

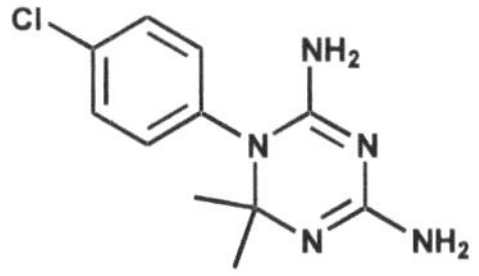

PROGUANIL

CYCLOGUANIL

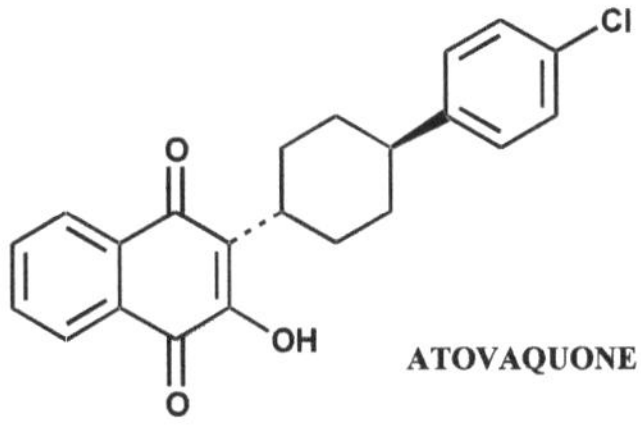

ATOVAQUONE

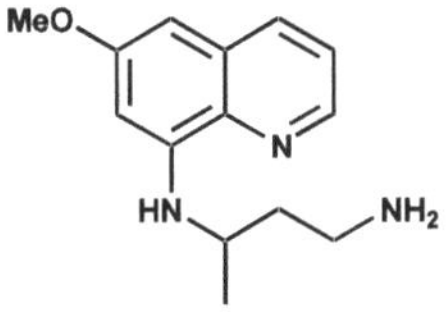

PRIMAQUINE

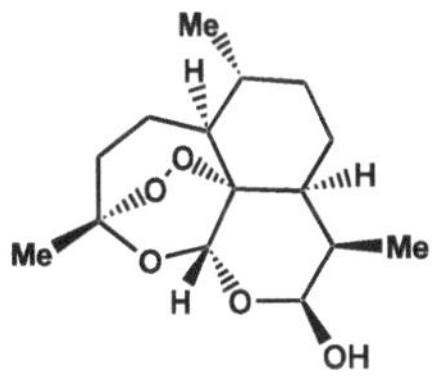

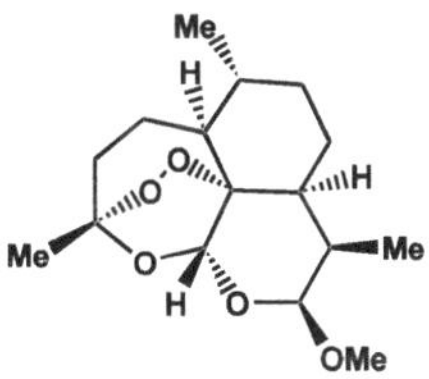

ARTEMESININE

ARTEMETHER

III. Isobologrammes

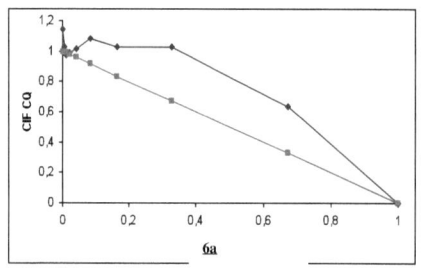
6a

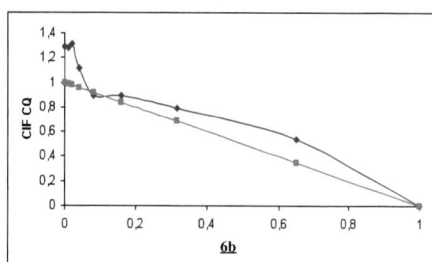
6b

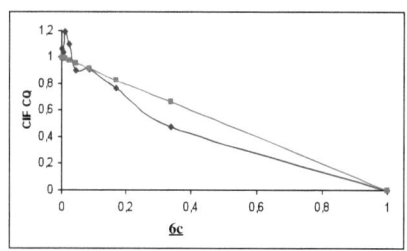
6c

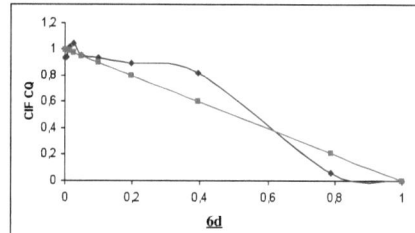
6d

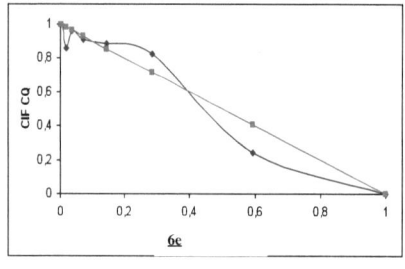
6e

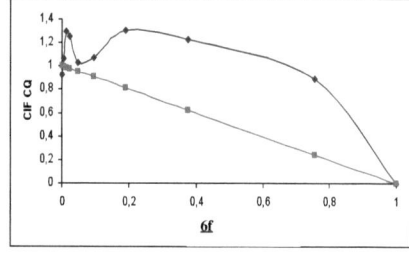
6f

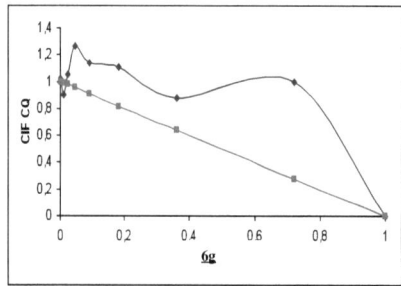
6g

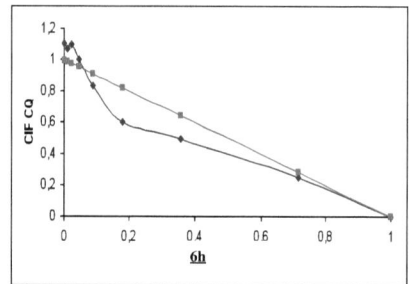
6h

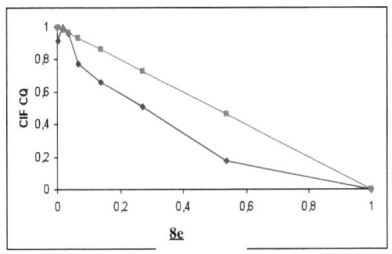
8c

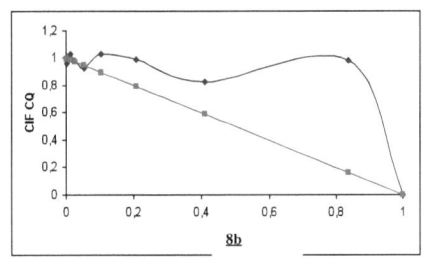
8b

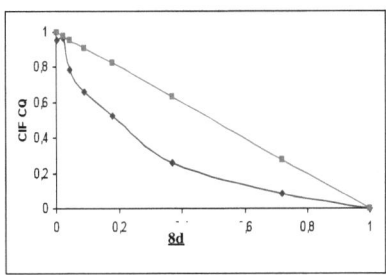
8d

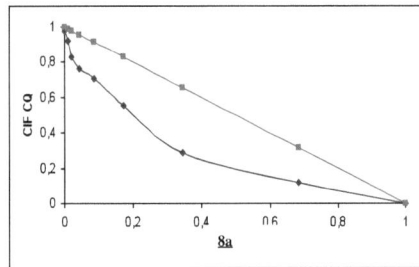
8a

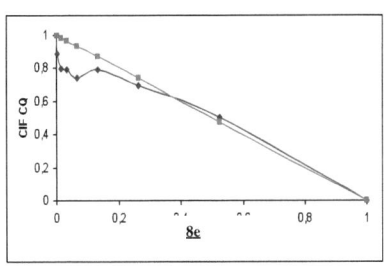
8e

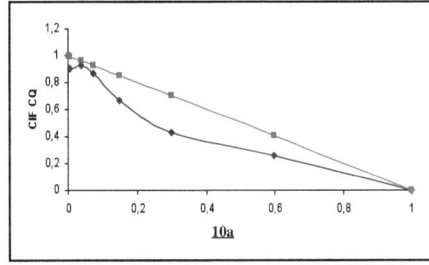
10a

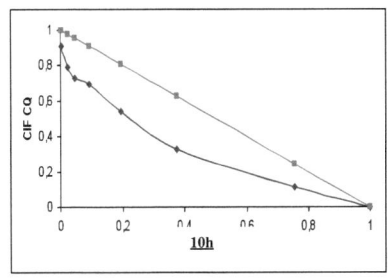
10h

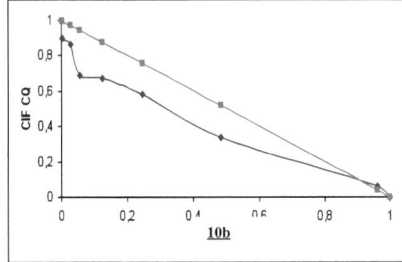
10b

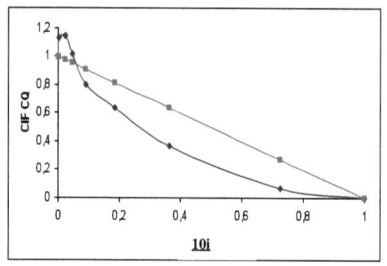
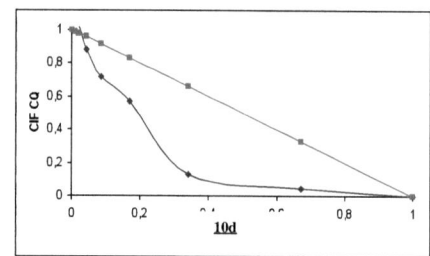
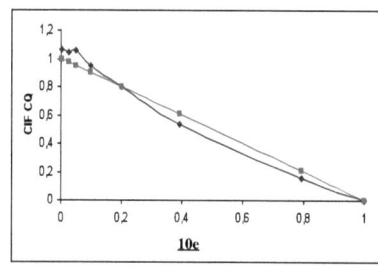
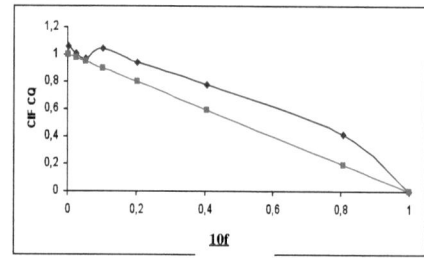
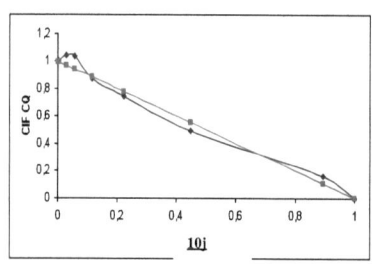
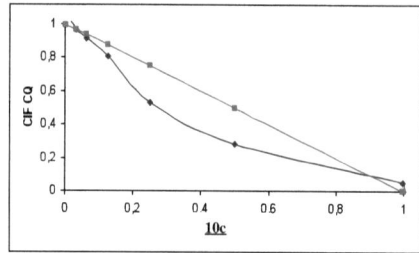

Bibliographie

1. a) N. Bsiri, C. Jhonson, M.G. Kayiere, A.M. Galy, J.-P. Galy, J. Barbe, A. Osuna, M.-C. Mesa-Valle, J.-J. Castilla Calvente, M.-N. Rodriguez-Casezas, Relations structure-activité trypanocides chez les 9-thioacridines, Ann. Pharm. Fr., 54 (1996) 27-33 - **b)** S. Alibert, C. Santelli-Rouvier, B. Pradines, C. Houdoin, D. Parzy, J. Karolak-Wojciechowska, J. Barbe, Synthesis and Effects on Chloroquine Susceptibility in Plasmodium falciparum of a Series of New Dihydroanthracene Derivatives, J. Med. Chem. 45/15 (2002) 3195-3209.

2. a) S. Alibert, C. Santelli-Rouvier, M. Castaing, M. Berthelot, G. Spengler, J. Molnár, J. Barbe, Effects of a series of dihydroanthracene derivatives on drug efflux in multidrug resistant cancer cells, Eur. J. Med. Chem. 38/3 (2003) 253-263 – **b)** Matias résultats non publiés.

3. http//membres.lycos.fr/lfinot/maladie/palu.html

4. a) J. Ciak and F.E. Hahn, Chloroquine: mode of action, Science, 151 (1966) 347-349 – **b)** M. Foley and L. Tilley, Quinoline antimalarials: Mechanisms of action and resistance and prospectives for new agents, Pharmacol. Ther., 79/1 (1998) 55-87.

5. R.G. Ridley, J.H. White, S. McAleese, S.M. Goman, P. Alano, E. de Vries and B.J. Kilbey, DNA polymerase d: gene sequences from *Plasmodium falciparum* indicate that this enzyme is more highly conserved than DNA polymerase a, Nucl. Acids Res., 19 (1991) 6731-6736.

6. E. de Vries, J.G Stam, P.F. Franseen, P.C. van der Vliet and J.P. Overdulve, Purification and characterisation of DNA polymerase from *Plasmodium berghei*, Mol. Bioochem. Parasitology, 45 (1993) 223-232.

7. J.H. White, B.J. Kilbey, E. de Vries, M. Goman, P. Alano, S. Cheeseman, S. McAleese, R.G. Ridley, The gene encoding DNA polymerase a from *Plasmodium falciparum*, Nucl. Acids Res., 21 (1993) 3643-3646.

8. W. Peter, 1970, Chemotherapy and drug resistance in Malaria, Academic Press, London.

9. a) D.E. Goldberg and A.F.G Slater, The pathway of hemoglobin degradation in malaria parasites, Parasitol. Today, 8 (1992) 280-283 – b) P.L. Olliario and D.E. Goldberg, The *Plasmodium* digestive vacuole metabolic headquarters and choice drug target. Parasitol. Today, 11 (1995) 294-297.

10. T.G. Geary, J.B. Jensen, H. Ginsburg, Uptake of [3H] chloroquine by drug – sensitive and –resistant strains of the human malaria parasite *Plasmodium falciparum*, Biochem. Pharmacol., 35 (1986) 3805-3812.

11. H. Ginsburg, E. Nissani and M. Krugliak, Alkalinisation of the food vacuole of malaria parasite by quinoline drugs and alkylamines is not correlated with their antimalarial activity, Biochem. Pharmacol., 38 (1989) 2645-2654.

12. P.G. Bray, R.E. Howells, G.Y. Ritchie and S.A. Ward, Rapid chloroquine efflux phenotype in both chloroquine-resistant and –sensitive *Plasmodium falciparum*. A correlation of chloroquine sensitivity with energy dependent drug accumulation, Biochem. Pharmacol., 44 (1992) 1317-1324.

13. C.P. Sanchez, S. Wrunsch and M. Lanzer, Identification of chloroquine importer in *Plasmodium falciparum*: differences in import kinetics are genetically linked with chloroquine resistant phenotype, J. Biol. Chem., 272 (1997) 2652-2658.

14. T. Gabey, M. Krugliak, G. Shalmaeiv and H. Ginsburg, Inhibition by antimalarial drug hèmeoglobin denaturation and iron release in acidified erythrocytes: possible mechanism of their anti-malarial effect, Parasitol. Today, 108 (1994) 371-381.

15. G. Blauer and M. Akkawi, Investigations of B- and b-hematin, J. inorg. Biochem., 66 (1997) 145-152.

16. E. Hemplemann and T.J. Egan, Pigment biocrystallisation in *Plasmodium falciparum*, Trends Parasitol., 18 (2002) 11.

17. A.F. Slater and A. Cerami, Inhibition by chloroquine of a novel heme polymerase enzyme activity in malaria tropozoites, Nature, 355 (1992), 167-169.

18. C.D. Fitch, Antimalaria schizonticides: ferriprotoporphyrin IX intercalation hypothesis, Parasitol. Today, 2 (1986) 330-331.

19. M. Foley and L. Tilley, Quinoline antimalaria: mechanisms of action and resistance, Int. J. Parasitol., 27 (1997) 6955-6961.

20. P.A. Wood and J.W. Eaton, Hemoglobin catabolism and host parasite heme balance chloroquine- sensitive and chloroquine-resistant *Plasmodium berghei* infections, Am. J. Trop. Med. and Hyg., 48 (1993) 465-472.

21. J.-F. Trape, G. Pison, M.P. Preziosi, C. Enel, A. Desgrees. du Lou, V. Delaunay, B. Samb, E. Lagarde, J.-F. Molez, F. Simondon, Impact of chloroquine resistance on malaria mortality, CR Acad. Sci. III Paris Sciences de la vie, 321/8 (1998) 689-697.

22. C.D. Fitch, *Plasmodium falciparum* in owl monkey: drug resistance and chloroquine binding capacity, Science, 169 (1970) 289-290.

23. D.J. Krogstad, I.Y. Gluzman, D.E. Kyle, A.M. Oduola, S.K. Martin, W.K. Milhous, P.H. Schlesinger, Efflux of chloroquine from plasmodium falciparum: mechanism of chloroquine resistance, Science, 238 (1987) 1283-1285.

24. L.M.B. Ursos, K.F. Dubay, P.D. Roepe, Antimalarial durgs influence the pH dependendent solubility of hème via apparent nucléation phenomena, Mol. Biochem. Parasitol., 110 (2000) 107-124.

25. D.J. Krogstad, P.H. Schlesinger, B.L. Herwaldt, Antimalarial agents: mechanism of chloroquine resistance, Antimicrob. Agents Chemother., 32 (1998) 799-801.

26. M.T. McIntosh, R. Srivastava and A.B. Vaidya, Divergent evolutionnary constraints on mitochondrial and nuclear genome of malaria parsites, Mol; Biochem. Parasitol., 95 (1998) 69-80.

27. S.K. Martin, A.M.J. Oduola and W.K. Milhous, Reversal of Chloroquine resistance in *Plasmodium falciparum* by verapamil, Science, 235 (1987) 899-901.

28. C.M. Wilson, A.E. Serrano, M.P. Wasley, A.H. Bogenschutz, A.H. Shankar, D.F. Wirth, Amplification of a gene related to mammalian mdr genes in drug resistant *Plasmodium falciparum*, Science, 244 (1989) 1184-1186.

29. M.G. Zalis, C.M. Wilson, Y. Zhang, D.F. Wirth, Characterisation of the pfmdr2 gene for *Plasmodium falciparum*, Biochem. Parasitol., 62 (1993) 83-92.

30. J.P. Rubio and A.F. Cowman, *Plasmodium falciparum-* the pfmdr2 protein is not overexpressed in chloroquine-resistant isolates of the malaria parasite, Exp. Parasitol., 79 (1994) 137-147.

31. B. Hill, Drug resistance: an overview of the current state of art, Int. J. Oncol. 9 (1996) 197-203.

32. P.S. Lacombe, J.A.G. Vicente, J.G. Pagès, P.L. Morselli, Causes and problems of non response or poor response to drugs, drugs 51 (1996) 552-570.

33. L.A. Mitsher, S.P. Pillai, E.J. Gentry, D.M. Shankel, Multiple drug resistance, Med. Res. Rev. 19 (1999) 477-496.

34. S.E. Kane, Multidrug resistance in cancer cells, in Advances in Drug Research, vol 24, Academic Press, 1996, pp.181-252.

35. M. Volm, J. Mattern, Resistance mechanisms and their regulation in lung cancer, Crit. Rev. Oncogen. 7 (1996) 227-244.

36. M. Dietel, What's new in cytostatic drug resistance and pathology, Patho. Res. Pract. 187 (1991) 892-905.

37. W.T. Beck, Mechanisms of multidrug resistance in human tumor cells. The role of P-glycoprotein, DNA topoisomerase II, and other factors, Cancer Treat. Rev. 17 (1990) 11-20.

38. C.S. Morrow, K.H. Cowan, Gluthatione S-transferases and drug resistance, Cancer Cells 2 (1990) 15-22.

39. J.R. Hammond, R.M. Johnstone, P. Gros Enhanced efflux of (3H)vinblastine from chinese hamster ovary cells transfected with a full-length complementary DNA clone for mdr1 gene, Cancer Res. 49 (1989) 3867-3871.

40. Y.A. Hannun, Apoptosis and dilemma of cancer chemotherapy, Blood 89 (1977) 1845-1853.

41. Y. Liu, T. Han, A.E. Giuliano, M.C. Cabot, Ceramide glycosilation potentiates cellular multidrug resistance, FASEB J. 15 (2001) 719-730.

42. D. Kessel, V. Bottenrill, I. Wodinsky, Uptake and retention of daunomycin by mouse leukemic cells as factors in drug response, Cancer Res. 28 (1968) 938-941.

43. K. Dano, Active outward transport of daunomycin in resistant Ehrlich ascites tumor cells, Biochem. Biophys. Acta 323 (1973) 466-483.

44. R.L. Juliano, V. Ling, A surface glycoprotein modulating drug permeability in chinese hamster ovary cells mutants, Biochem. Biophys. Acta 445 (1976) 152-162.

45. D. Nielsen, C. Maare, T. Skovsgaard, Influx of daunorubicin in multidrug resistant Erlich ascites tumor cells : correlation to expression of p-glycoprotein and efflux. Influence of verapamil, Biochem. Pharmacol. 50 (1995) 443-450.

46. A.R. Safa, Photoaffinity labelling of P-Glycoprotein in multidrug resistant cells, Cancer Invest. 10 (1992) 295-305.

47. R.G. Deeley, S.P.C. Cole, Function, evolution and structure of multidrug resistance protein (MRP), Cancer Biol. 8 (1997) 193-204.

48. R.J. Scheper, H.J. Broxterman, G.L. Scheffer, P. Kaaijk, W.S. Dalton, T.H.M. van Heijningen, C.K. van Kalken, M.L. Slovak, E.G.E de vries, P. van der Valk, C.J.L.M. Meijer, H.M. Pinedo, overexpression of a Mf 110,000 vesicular protein in non-P-glycoprotein-mediated multidrug resistance, Cancer Res. 53 (1993) 1475-1479.

49. D.D. Ross, W. Yang, L.V. Abruzzo, W.S. Dalton E. Scheined, H.D.M. Lage, L. Greenberger, S.P. Cole, L.A. Doyle, Atypical multidrug resistance: breast cancer resistance protein messenger RNA expression in mitoxantrone selected cell lines, J. Nat. Cancer Inst. 91 (1999) 429-433.

50. J.M. Croop, Evolutionnary relationships methods in enzymology, Methods Enzymol. 292 (1998) 101-116.

51. M.F. Rosenberg, R. Callaghan, R.C. Ford, C.F. Higgins, Structure of the multidrug resistance P-glycoprotein to 2.5 nm resolution determined by electron microscopy and image analysis, J. Biol. Chem. 272 (1997) 55-84.

52. M.M.Gottesman, T. Fojo, S.E. Bates, Multidrug resistance in cancer: role of ATP-dependent transporters, Nature Reviews / Cancer, 2 (2001) 48-58.

53. J.M. Ford, W.N. Hait, Pharmacology of drugs that alter multidrug resistance in cancer, Pharmacol. Rev. 42 (1990) 155-199.

54. F. Frézard, E. Pereira, P Quidu, W. Priebe, A. Granier-Suillerot, P-glycoprotein preferentially effluxes compounds containing free basic versus charged amine, Eur. J. Biochem. 268 (2001) 1561-1567.

55. H. Bolhuis, E.W. van Veen, B. Poolman, A.J.M. Driessen, W.N. Konings, Mechanisms of multidrug transporters. FEMS Microbiol. Rev. 21 (1997) 55-84.

56. E.E. Zheleznova. P. Markam, R. Edgar, E. Bibi, A.A. Neyfakh, R.G. Brennan, A structure-based mechanism for drug binding by multidrug transporters, Trends Biochem. Sci. 25 (2000) 39-43.

57. B.T. Zhu, A novel hypothesis for the mechanism of action of P-Glycoprotein as multidrug transporter, Mol. Carcinogenesis 25 (1999) 1-13.

58. M.M. Gottesman, I. Pastan, Biochemistry of multidrug resistance mediated by the multidrug transporter, Annu. Rev. Biochem., 62 (1993) 385-427.

59. C.F. Higgins, M.M. Gottesman, Is the multidrug transporter a flippase ? Trends Pharmacol. Sci., 17 (1992) 18-21.

60. W.D. Stein, Kinetics of the multidrug transporter (p-glycoprotein) and its reversal. Physiol. Rev., 77 (1997) 545-590.

61. M.F. Rosenberg, R. Callaghan, R.C. Ford, C.F. Higgins, Structure of the multidrug resistance P-glycoprotein to 2.5 nm resolution determined by electron microscopy and image analysis, J. Biol. Chem., 272 (1997) 10685-10694.

62. P.D. Roepe, What is the precise role of huma, MDR1 protein in the chemotherapeutic drug resistance? Curr. Pharmaceut. Des. 6 (2000) 241-260.

63. P.D. Roepe, Indirect mechanism of drug transport by P-glycoprotein, Trends Pharmacol. Sci. 15 (1994) 445-446.

64. U.A. German, P-glycoprotein-a mediator of multidrug resistance in tumor cells, Eur. J. Cancer 32A (1996) 927-944.

65. E.H. Abraham, A.G. Prat, L. Gerweck, T. Severatne, R.J. Arcei, R. Kramer, G. Guidotti, H.F. Cantiello, The multidrug resistance (mdr1) gene product functions as an ATP channel, Proc. Natl. Acad. Sci. USA 90 (1993) 312-316.

66. H. Schuldes, J. Dolderer, J. Knobloch, S. Bade, R. Bickeböller, B.G. Woodcock, D. Jonas, G. Zimmer, Relationship between plasma membrane fluidity and R-verapamil action in CHO cells, Int. J. Clin. Pharmacol. Ther. 36 (1998) 71-73.

67. H. Schuldes, J. Dolderer, G. Zimmer, J. Knobloch, R. Bickeböller, D. Jonas, B.G. Woodcock, Reversal of multidrug resistance and increase in plasma membrane fluidity in CHO cells with R-verapamil and bile salts, Eur. J. Cancer 37 (2001) 660-667.

68. Y. Romsicki, F.J. Sharom, The ATPase and ATP-binding functions of P-glycoprotein-modulation by intercalation with defined phospholipids, Eur. J. Biochem. 256 (1998) 170-178.

69. M. Wiese, I.K. Pajeva, Molecular modelling of the multidrug resistance modifiers cis- and trans-flupentixol, Pharmazie 52 (1997) 679-685.

70. L. Lu, F. Leonessa, R. clarke, I.W. Wainer, competitive and allosteric interactions in ligand binding to P-glycoprotein as observed on an immobilized P-glycoprotein liquid chromatographic stationnary phase, Mol. Pharmacol. 59 (2001) 62-68.

71. M. Garrigos, L.M. Mir, S. Orlowski, Competitive and non-competitive inhibition of the multidrug-resistance-associated P-glycoprotein ATPase : further experimental evidence for multisite model, Eur. J. Biochem. 244 (1997) 664-673.

72. K. Ueda, A. Yoshida, T. Amachi, Recent Progress in P-glycoprotein research, Anti-Cancer Drug Des. 14 (1999) 115-121.

73. A.F. Castro, J.K. Horton, C.G. Vanoye, G.A. Altenberg, mechanism of inhibition of P-Glycoprotein-mediated drug transport by protein kinase C blockers, Biochem. Pharmacol. 58 (1999) 1723-1733.

74. G. Conseil, J.M. Perz-Victoria, J.-M. Jault, F. Gamarro, A. Goffeau, J. Hofmann, A. Di Pietro, Protein Kinase C effectors bind to multidrug ABC transporter and inhibit their activity, Biochem. 40 (2001) 2564-2571.

75. N.H. Patel, M.L. Rothenberg, multidrug resistance in chemotherapy, Invest. New Drugs 12 (1994) 1-13.

76. W. Priebe, R. Perez-Soler, Design and tumor targeting of anthracyclines able to overcome multidrug resistance : a double avantage approach, Pharmac. Ther. 60 (1994) 215-234.

77. M. Mazel, P. Clair, C. Rousselle, P. vidal, J.-M. Scherrmann, D. Mathieu, J. Temsamani, Doxorubicin-pepetide conjugates overcome multidrug resistance, anti-Cancer Drugs 12 (2001) 1-10.

78. V. Sandor, T. Fojo, E. Bates, Future perspectives for the development of P-glycoprotein modulators, drug Resist. Updates 1 (1998) 190-200.

79. T. Tsuruo, H. Iida, S. Tsukagoshi, Y. Sakurai, Overcomming of vincristine resistance in P388 leukemia in vivo and in vitro through enhanced cytotoxicity of vincristine and vinblastine by verapamil, Cancer. Res. 41 (1981) 1967-1972.

80. S. Scala, N. Akhmed, U.S. Rao, K. Paull, L.B. Lan, B. Dickstein, J.S. Lee, G.H. Elgemeie, W.D. Stein, S.B. Bates, P-glycoprotein substrates and antagonists cluster into two distinct groups, Mol. Pharmacol. 51 (1997) 1024-1033.

81. G.D. Eytan, R; Regev, G. Oren, Y.G. Assaraf, the role of passive transbilayer drug movment in multidrug resistance and its modulation, J. Biol. Chem., 271 (1996), 12897-12902.

82. H. Wiseman, Tamoxifen: new membrane-mediated mechanisms of action and therapeutics advances, Trends Pharmacol. Sci., 15 (1994), 83-89.

83. R.M. Wadkins, P.J. Houghton, The role of drug-lipid interactions in the biological activity of modulators of multidrug resistance, Biochim. Biophys. Acta, 1153 (1993) 225-236.

84. a) A. Ramu, N. Ramu, Reversal of multidrug resistance by phenothiazines and structurally related compounds, Cancer Chemother. Pharmacol., 30 (1992) 165-173 - **b)** A. Ramu, N. Ramu, Reversal of multidrug resistance by bis(phenylalkyl)amines and structurally related compounds, Cancer Chemother. Pharmacol., 34 (1994) 423-430.

85. a) G. Klopman, S. Srivastava, I. Kolossvary, R.F. Epand, Nahmed, R.M. Epand, Structure-activity study and design of multidrug-resistant reversal compounds by a computer automated evaluation methodology, Cancer Res., 52 (1992) 4121-4129 - **b)** G. Klopman, L.M. Shi, A. Ramu, Quantitative structure-activity relationship of multidrug resistance reversal agents, Pharmacol. Rev. 42 (1997) 323-334.

86. a) K.M. Barnes, B. Dickstein, G.B. Cutler Jr., T. Fojo, S.E. Bates, Steroid transport, accumulation, and antagonism of P-glycoprotein in multidrug-resistant cells. Biochemistry 35 (1996) 4820-4827 - **b)** E. Friche, P. Buhl Jensen, H. Roaed, T. Skovsgaard, Nissen N.I., In vitro circumvention of anthracycline-resistance in Ehrlich ascites tumour by anthracycline analogues, Biochem. Pharmacol., 39 (1990) 1721-1726.

87. F. Frézard, Garnier-Suillerot A., Determination of the osmotic active drug concentration in the cytoplasm of the anthracycline-resistant and -sensitive K562 cells, Biochim. Biophys. Acta, 1091 (1991) 29-35.

88. E.Chieli, N. Romiti, F. Cervelli, R. Tongiani, Effects of flavonols on p-glycoprotein activity in cultured rat hepatocytes, Life Sci., 57 (1995) 1741-1751.

89. S. Scala, N. Akhmed, U.S. Rao, K. Paull, L.B. Lan, B. Dickstein, J.S. Lee, G.H. Elgemeie, W.D. Stein, S.B. Bates, P-glycoprotein substrates and antagonists cluster into two distinct groups, Mol. Pharmacol. 51 (1997) 1024-1033.

90. H. Mefetah, P. Brouant, A.M. Galy, J.P. Galy, J. Barbe, Potentiel anticancer benzo-naphthyridones with fused rings : a theorical model for predicting orientation in the cyclisation of intermediates, Med. Chem. Res., 5 (1995) 522-533.

91. H. Misbahi, P. Brouant, A. Hevér, A.M. Molnár, K. Wolfard, G. Spengler, H. Mefetah, J. Molnár, J. Barbe, Benzo[b]-1,8-naphthyridine derivatives: synthesis and reversal activity on Multidrug Resistance, Anticancer Res. 22 (2002) 2097-2102.

92. M.-G. Kayirere, A. Mahamoud, J. Chevalier, J.-C. Soyfer, A. Crémieux, J. Barbe, Synthesis and antibacterial activity of new 4-alkoxy, 4-aminoalkyl and 4-alkylthioquinoline derivatives, Eur. J. Med. Chem. 33/1 (1998) 55-63.

93. a) J. Barbe, G. boyer, I. Carignano, J. Elguero, J.-P. Galy, S. Morel, R. Oughedani, Thiazolo[5,4-a]acridines, tetrahedron Lett., 32 (1991) 6709-6710 - **b)** L. Ngadi, N. Bsiri, A; Mahamoud, A.-M. Galy, J.-P. Galy, J.-C. Soyfer, J. Barbe, M. Placidi, J.I. Rodriguez-Santiago, C. Mesa-Valle, R. Lombardo, C. Mascaro, A. Osuna, synthesis and antiparasitic activity of new 1-nitro-, 1-amino- and 1-acetamido- 9-acridinones, Arzneim.-Forsch./Drug Res., 4 (1993) 480-483.

94. C. Matias, A. Mahamoud, J. Barbe, Synthesis and antimalarial activity of new 4,6-dialkoxy- and 4,6-bis(alkylthio)pyrido[3,2-g]quinoline derivatives. Heterocycles 43/8 (1996) 1621-1632.

95. Z.H. Skraup, G. Vortmann, Uber derivate des dipyridyls, Montash. 4 (1883) 569-603.

96. R.G. Gould Jr., W.A. Jacobs, Synthesis of certain substituted quinolines and 5,6-benzoquinolines, J. Am. Chem. Soc. 61 (1939) 2890.

97. A. Godard, G. Quéguiner, Syntesis of benzonaphthyridines, J. Hetrocyclic. Chem. 19 (1982) 1289-1296.

98. H. Quast, N. Schön, Synthesis and reactions of some pyrido[3,2-g]quinolines(1,8-diazaanthracenes), Liebigs Ann. Chem., (1984), 133-146.

99. a) L. Bradford, T.J. Elliot, F.M. Rouve, The Skraup reaction with m-substituted Anilines, J. Chem. Soc. 69 (1947) 437-445 - **b)** F. Sauter, U. Jordis, P. Martinek und G. Gai, Synthesen neuer chinolon-chemotherapeutika 4. Mitt. Pyrido[3,2,1-gh][1,A]phenanthroline und benzo[I,j]chinolizin-carbosaurën, Sci. Pharm. 57 (1989) 7-20.

100. a) U. Jordis, F. sauter, M. Rudoff und Gan Cai, Synthesen neuer chinolonchemotherapeutika, 1. Mitt.: Pyridochinoline und Pyridophenanthroline als „lin-benzo-Nalidixinsäure."-Derivate, Monatsh. Chem., 119 (1988) 761-780- **b)** R.C. Ederfield, W.J. Gensler, T.A. Williamson, J.M. Griffing, S.M. Kupchen, J.T. Maynand, F.J. Kreysa, J.B. Wright, J. Am. Chem. Soc., 68 (1946) 1584.

101. a) W.A. Denny, G.J. Atwell, B.P. Roberts, M. Boyd, R.F. Anderson, C.J.L. Lock, W.R. Wilson, Hypoxia-selective antitumor agents. 6. 4-(Alkylamino)nitroquinolines: a new class of hypoxia-selective cytotoxins, J. Med. Chem., 35 (1992) 4832-4841 - **b)** H.L. Yale, J. Bernstein, Skraup reaction with acrolein and its derivatives, J. Am. Chem. Soc., 70 (1948) 254.

102. a) M. Conrad, L. Limpach, Ber, 20 (1887) 944 – **b)** M. Conrad, L. Limpach, Ber, 24 (1891) 2990.

103. J.A. Moore, T.D. Mitchell, Polyenaminoesters from a,a'-bis (carbomethoxy) diacetylbenzenes and phenylene diamines, Journal of Polymer Science : Polymer Chemistry Edition, 18 (1980) 3029-3041.

104. J. Mlochowski, W. Sliwa, L. Achremowcz, Am. Soc. Chim. Polonorum, 48 (1974) 787.

105. R.M. Forbis, K.L. Rinehart Jr., Nybomycin. VII. Preparative routes to nybomycin and deoxynybomycin, J. Am. Chem. Soc., 95 (1973) 5003-5013.

106. G.I. Graf, D. Hastreiter, L.E. la Silva, R.A. Rebelo, A.G. Montalba, A. MacKillopp, Tetrahedron, 58 (2002) 9095-9100.

107. N.D. Heindel, P.D. Kennewell, V.B. Fish, Enamine formation from anilines and methylpropiolate. The synthesis of 4(1*H*)-quinolones(1), J. Heterocyclic Chem., 6 (1969) 77-81.

108. A. N. Meldrum, J. Chem. Soc., 93 (1908) 598.

109. H. McNab, Meldrum's acid, Chem. Soc. Rev., 7/3 (1978) 345-358.

110. T. Kametani, K. Kigasawa, M. Hiiragi, K. Wakisaka, O. Kusama, H. Sugi, K. Kawasaki, Studies on the syntheses of heterocyclic compounds. Part 704. Synthetic studies on chemotherapeutics. II. Synthesis of phenyl-substituted 1,4-dihydro-4-oxonicotinic acid derivatives, J. Heterocyclic Chem, 14/3 (1977) 477-482.

111. G.R. Newkome, V.K. Majestic, F.R. Fronczek, Tetrahedron Lett., 22 (1981) 3035.

112. P.M. Gilis, A. Hèmeers, W. Beillart, Euro. J. Med. Chem. - Chimica Therapeutica, 6 (1980) 449-502.

113. J.-P. Galy, E. Vincent, A.-M. Galy, J. Barbe, J. Elguero, A comparative study of reactivity of acridanones, aminoacridines and thioacridanones towards alkylating agents, using phase transfer catalysis, Bull. Soc. Chem. Belg. 90/9 (1981) 947-954.

114. W. Marckwald, Ann. Chem. 274 (1893) 356.

115. C.A. Homewood, Carbohydrate metabolism of malarial parasites, Bull. WHO, 55 (1977) 229-235.

116. D.L. Vander Jagt, L.A. Hunsaker, N.M. Campos, B.R. Baak, D-lactate production in erythrocytes infected with *Plasmodium falciparum*, Mol. Biochem. Parasitol., 82 (1988) 277-284.

117. a) P. Deloron, J. Le Bras, B. Andrieu, J.F. Hartman, Standardisation de l'épreuve de chimiosensibilité in vitro de *Plasmodium falciparum*, Path. Biol., 30 (1982) 585-588 - b) J. Le Bras, et P. Deloron, In vitro study of drug sensitivity of *Plasmodium falciparum*: évaluation of a new semi-micro test, Am. J. Trop. Med. Hyg., 32 (1983) 447-451 - c) J. Le Bras, B. Andrieu, I. Hatin, J. Savel, J.P. Coulaud, *Plasmodium falciparum* : interprétation du semi-microtest de chimiosensibilité in vitro par incorporation de 3H-hypoxanthine, Path. Biol., 32 (1984) 463-466.

118. C. Matias, thèse, 1997, Marseille.

119. T. Tsuruo, H. Kawabata, N. Nagumo, H. Iida, Y Kitatani, S. Tsukagoshi, Y. Sakurai, Potentiation of antitumor agents by calcium-channel blockers with special reference to cross-resistance patterns, Cancer Chemother. Pharmacol., 15 (1985) 16-19.

120. a) D.E. Kyle, A.M. Oduola, S.K. Martin, W.K. Milhous, *Plasmodium falciparum*: modulation by calcium-antagonists of resistance to chloroquine, quinine and quinidine in vitro, Trans. R. Soc. Trop. Med. Hyg. 84 (1990) 474-478 - b) S.K. Martin, A.M. Oduola, W.K. Milhous, Reversal of chloroquine resistance in *Plasmodium falciparum* by verapamil. Science, 235 (1987) 899-901.

121. A.M. Oduola, A. Sowunmi, W.K. Milhous, T.G. Brewer, D.E. Kyle, L. Gerena, R.N. Rossan, L.A. Salako, B.G. Schuster, *In vitro* and *in vivo* reversal of chloroquine resistance in *Plasmodium falciparum* with promethazine, Am. J. Trop. Med. Hyg., 58 (1998) 625-629.

122. I. Pastan, M.M. Gottesman, K. Ueda, E. Loveace, A.V. Rutherford, M.C. Willingham, A retrovirus carrying an MDR1 cDNA confers multidrug resistance and polarized expression of P-glycoprotein in MDCK cells, Proc. Natl. Acad. Sci. USA, 85 (1998) 4486-4490.

123. K. Ueda, C. Cardarelli, M.M. Gottesman, I. Pastan, Expression of a full-length cDNA for the human "MDR1" gene confers resistance to colchicine, doxorubicin, and vinblastine, Proc. Natl. Acad. Sci. USA, 84 (1987) 3004-3008.

124. a) T. Tsuro, H. Lida, S. Tsukagoshi, Y. Sakurai, Overcomming of vincristine resistance P388 Leukemia in vivo and in vitro through enhaced cytotoxicity of vincristine by verapamil, Cancer Res., 41 (1981) 1967-1972 – **b)** C. Delaporte, J.Y. Charcosset, A. Jachloroquineuemin-Sablon, Effects of verapamil on the cellular accumulations and toxicity of several antitumor drugs in 9-hydroxy-ellipticine-resistant cells, Biochem. Pharmacol. 37 (1988) 613-619 – **c)** W.G. Harker, D. Bauer, B.B. Etiz, R.A. Newman, B.I. Sikic, Verapamil-mediated sensitization of doxorubicin-selected pleiotropic resistance in human sarcoma cells : selectivity for drugs which produce DNA scission, Cancer Res., 46 (1986) 2369-2373.

125. J.L. Weaver, S. Gabor, P.S. Pine, M.M. Gottesman, S. Gohlenberg, A.A. Aszalos, The effect of ion channel blockers, immunosuppressive agents and other drugs on the activity of the multidrug transporter, Int. J. Cancer, 54 (1993) 456-461.

126. A. Hever, thèse, 1998, Marseille.

127. I.K. Pajeva and M. Wiese, Pharmacophore model of drugs involved in P-glycoprotein multidrug resistance: explanation of structural variety (hypothesis), J.Med. Chem., 45 (2002) 5671-5686.

Oui, je veux morebooks!

i want morebooks!

Buy your books fast and straightforward online - at one of the world's fastest growing online book stores! Environmentally sound due to Print-on-Demand technologies.

Buy your books online at
www.get-morebooks.com

Achetez vos livres en ligne, vite et bien, sur l'une des librairies en ligne les plus performantes au monde!
En protégeant nos ressources et notre environnement grâce à l'impression à la demande.

La librairie en ligne pour acheter plus vite
www.morebooks.fr

OmniScriptum Marketing DEU GmbH
Heinrich-Böcking-Str. 6-8
D - 66121 Saarbrücken
Telefax: +49 681 93 81 567-9

info@omniscriptum.de
www.omniscriptum.de

Printed by Books on Demand GmbH, Norderstedt / Germany